宇宙用語図鑑

宇宙物理学者
二間瀬敏史 [著]
中村俊宏 [構成]
徳丸ゆう [絵]

宇宙用語図鑑

CONTENTS

本書の使い方 ———— 012

第 1 章

さまざまな天体

恒星 ———— 016	星雲 ———— 026
惑星 ———— 018	星団 ———— 027
衛星 ———— 019	彗星 ———— 028
矮星 ———— 020	流星 ———— 029
巨星 ———— 021	銀河 ———— 030
超新星 ———— 022	銀河群 ———— 031
中性子星 ———— 024	銀河団 ———— 031
ブラックホール ———— 025	

宇宙にまつわる哲学者&科学者

01 プラトンとアリストテレス ———— 032
02 アリスタルコス ———— 032

第 2 章

太陽と月と地球

太陽 ———— 034	月 ———— 044
光球 ———— 036	高地 ———— 046
黒点 ———— 037	海(月の海) ———— 046
フレア ———— 038	クレーター ———— 047
核融合 ———— 040	縦穴 ———— 047
太陽風 ———— 041	月の裏 ———— 048
皆既日食 ———— 042	潮汐力 ———— 049
金環日食 ———— 043	月の満ち欠け ———— 050

月食	051	南中	058
地球	052	夏至	059
自転	053	原始太陽	060
公転	054	ジャイアント・インパクト	062
近日点	055	かぐや	064
黄道	056	SLIM	065
春分点	057		

宇宙にまつわる哲学者＆科学者

03	プトレマイオス	066
04	コペルニクス	066

第3章 太陽系の仲間たち

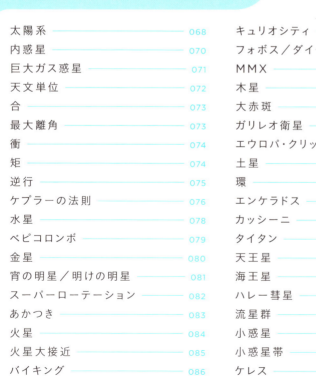

太陽系	068	キュリオシティ	086
内惑星	070	フォボス／ダイモス	087
巨大ガス惑星	071	MMX	087
天文単位	072	木星	088
合	073	大赤斑	089
最大離角	073	ガリレオ衛星	090
衝	074	エウロパ・クリッパー	091
矩	074	土星	092
逆行	075	環	093
ケプラーの法則	076	エンケラドス	094
水星	078	カッシーニ	094
ベピコロンボ	079	タイタン	095
金星	080	天王星	096
宵の明星／明けの明星	081	海王星	097
スーパーローテーション	082	ハレー彗星	098
あかつき	083	流星群	099
火星	084	小惑星	100
火星大接近	085	小惑星帯	101
バイキング	086	ケレス	102

ドーン — 102	エッジワース・カイパーベルト — 108
はやぶさ／はやぶさ2 — 103	太陽系外縁天体 — 108
隕石 — 104	オールトの雲 — 109
地球近傍天体 — 105	太陽系第9惑星 — 110
ツングースカ大爆発 — 105	太陽圏 — 111
冥王星 — 106	ボイジャー1号 — 111
ニュー・ホライズンズ — 106	原始太陽系円盤 — 112
準惑星 — 107	グランドタック理論 — 114

宇宙にまつわる 哲学者＆科学者	05 ケプラー — 116
	06 ガリレオ — 116

第4章
恒星の世界

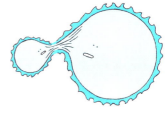

光年 — 118	インカの星座 — 139
ケンタウルス座アルファ星 — 120	星間物質 — 140
ブレークスルー・スターショット — 121	星間雲 — 141
1等星 — 122	メシエ天体 — 141
絶対等級 — 123	暗黒星雲 — 142
固有名 — 124	馬頭星雲 — 142
バイエル名 — 125	石炭袋 — 143
星の日周運動 — 126	創造の柱 — 143
北極星 — 128	輝線星雲 — 144
星の年周運動 — 130	反射星雲 — 144
黄道十二星座 — 131	オリオン大星雲 — 145
星座 — 132	分子雲 — 146
春の大曲線 — 134	分子雲コア — 146
夏の大三角 — 135	原始星 — 147
秋の大四辺形 — 136	Tタウリ型星 — 148
冬のダイヤモンド — 137	褐色矮星 — 149
南十字星 — 138	主系列星 — 150
星宿 — 139	散開星団 — 151

プレアデス星団	151	近接連星	178
スペクトル型	152	高輝度赤色新星	179
HR図	154	固有運動	180
赤色巨星	156	光行差	181
たて座UY星	157	分光	182
AGB星	158	スペクトル	182
白色矮星	159	輝線／吸収線	183
惑星状星雲	160	系外惑星	184
新星	161	ペガスス座51番星b	185
重力崩壊	162	ドップラー法	186
ベテルギウス	164	トランジット法	186
超新星残骸	165	ケプラー（探査衛星）	187
かに星雲	165	直接撮像法	187
パルサー	166	ホット・ジュピター	188
超新星1987A	167	エキセントリック・プラネット	188
事象の地平面	168	アイボール・プラネット	189
はくちょう座X-1	169	重力マイクロレンズ法	189
年周視差	170	ハビタブルゾーン	190
パーセク	171	バイオマーカー	191
変光星	172	レッドエッジ	191
セファイド変光星	174	アストロバイオロジー	192
KIC 8462852	175	ドレイクの方程式	193
連星	176	SETI	194
二重星	177	Wow! シグナル	194

宇宙にまつわる
哲学者＆科学者

07 ニュートン ——— 196
08 ハレー ——— 196

第 **5** 章

天の川銀河と銀河宇宙

天の川	198	銀河円盤	200
天の川銀河	199	バルジ	200

渦状腕	201	車輪銀河	212
いて座A*	202	スターバースト	213
超大質量ブラックホール	203	おとめ座銀河団	214
球状星団	204	M87	214
ハロー	205	暗黒物質	216
星の種族	205	重力レンズ	218
渦巻銀河	206	超銀河団	220
楕円銀河	206	ラニアケア超銀河団	221
レンズ状銀河	207	ボイド	221
不規則銀河	207	宇宙の大規模構造	222
矮小銀河	207	グレートウォール	223
大マゼラン雲	208	スローン・デジタル・スカイサーベイ	223
小マゼラン雲	208		
アンドロメダ銀河	209	Ia型超新星	224
局部銀河群	210	タリー・フィッシャー関係	225
ミルコメダ	211	赤方偏移	226
触角銀河	212	クェーサー	227

宇宙にまつわる哲学者＆科学者

09　ハーシェル ———— 228
10　アインシュタイン ———— 228

第6章 宇宙の歴史

宇宙論	230	宇宙マイクロ波背景放射	238
オルバースのパラドックス	231	宇宙の晴れ上がり	239
宇宙膨張	232	インフレーション理論	240
アインシュタインの静止宇宙モデル	233	無からの宇宙創生	242
		無境界仮説	243
ハッブルの法則	234	宇宙の加速膨張	244
ハッブル定数	235	暗黒エネルギー	245
ビッグバン理論	236	ブレーン宇宙モデル	246
定常宇宙論	237	マルチバース	248

エキピロティック宇宙モデル	249
宇宙の曲率	250
ビッグクランチ	252
ビッグリップ	253

宇宙にまつわる哲学者＆科学者	
11 ハッブル	254
12 ガモフ	254

第7章 宇宙にまつわる基礎用語

元素	256	電磁波	280
原子	258	可視光	281
分子	258	電波	282
陽子／中性子／電子	259	赤外線	284
同位体	259	紫外線	285
クォーク	260	X線／ガンマ線	286
ニュートリノ	261	ガンマ線バースト	286
反粒子／反物質	262	大気の窓	287
小林・益川理論	263	重力波	288
4つの力	264	GW150914	289
標準理論	266	原始重力波	290
ヒッグス粒子	267	宇宙ひも	291
超対称性粒子	268	JAXA	292
ニュートラリーノ	269	NASA	292
加速器	270	ESA	292
電子ボルト	270	国際宇宙ステーション	293
LHC	271	国立天文台	294
特殊相対性理論	272	すばる望遠鏡	295
一般相対性理論	274	TMT	295
量子論	276	アルマ望遠鏡	296
量子重力理論	278	ハッブル宇宙望遠鏡	297
超弦理論	278	ジェイムズウェブ宇宙望遠鏡	297

INDEX ——— 299

本書の使い方

この本は、宇宙と天文に関する「基本キーワード」と
「重要キーワード」を短く、わかりやすく解説したものです。
次のような読み方でお楽しみいただけます。

1 わからない用語を調べる

本やニュース、科学館の解説などに登場した用語でわからないものがあったら、巻末のインデックスをチェック。記されたページに解説が載っています。

2 読みたいところだけ読む

本書はそれぞれの項目が独立しているので、どこからでも読めます。関連トピックは近くにまとめてあり、通して読めばより理解が深まるようにもできています。7つの章を立てているので、「好きな章」を読むのもいいでしょう。

3 毎日少しずつ読む

「宇宙についてまだあまり知らない」あなたやお子様への読み聞かせに、「寝る前にちょっと」方式もおすすめです。

用語
巻末インデックスを引くと、掲載ページがわかります。

よみがな、英語表記
用語のよみがなと英語表記です。

重力崩壊
じゅうりょくほうかい、Gravitational collapse

概要
要点をすっきり解説。重要キーワードは色文字にしてあります。

重力崩壊とは、年をとった重い星が自分の重さに耐えきれずにつぶれてしまう現象です。太陽よりも8倍以上重い星は、最後に重力崩壊を起こして、星全体が吹き飛びます。これが超新星(22ページ)です。

星の質量が決める老後の姿

見出し
気になるニュースを拾い読みするように、この太字だけを追っていってもOK！

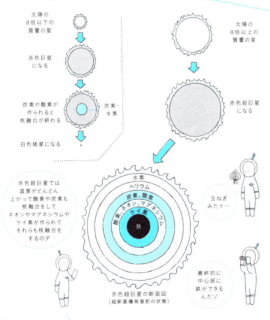

162

ヘボー
数百万光年のかなたから地球にやってきて、なぜか宇宙の講義をしてくれる親切な宇宙人。1億の言語を操るが、ときどき"なまり"が出る。コスプレ趣味あり。

013

第1章 さまざまな天体

恒星

こうせい、Star/Fixed star

恒星とは、自ら光を放って輝いている星で、夜空の星のほとんどは恒星です。
恒星はガスでできていて、その表面は数千度以上の高温なので、まぶしく光って見えます。

太陽も恒星なのダヨ

なぜ「恒星」とよばれる？

地球から見ると、夜空の恒星どうしは、おたがいの位置関係を変えません。
つねに同じ位置関係を保つので、つね（恒）なる星＝恒星とよばれます。

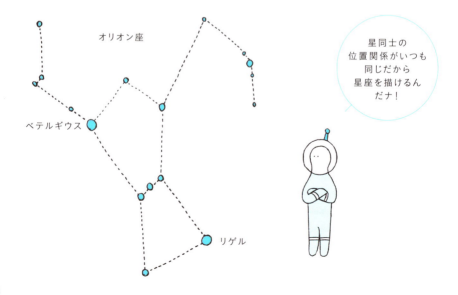

星同士の位置関係がいつも同じだから星座を描けるんだナ！

016

恒星は「星型」をしていない?

恒星はふつう、球のような丸い形をしています。
星のガスが熱でふくらもうとする力と、自分の重さ(重力)で縮もうとする力とがちょうどつりあうために、星は球形になるのです。

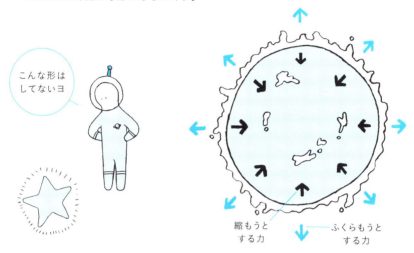

宇宙には恒星がいくつある?

恒星は宇宙のなかで銀河(30ページ)という集団をつくっています。銀河のなかには、およそ1000億個くらいの恒星があります。
そして宇宙には1000億個以上の銀河あると考えられています。
つまり、宇宙には1000億×1000億個以上の恒星があるのです。

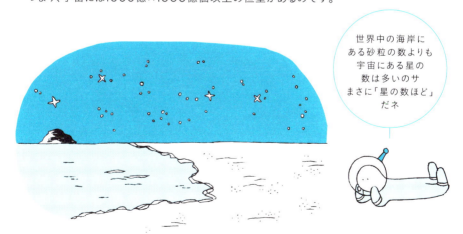

第1章 さまざまな天体　017

惑星

わくせい、Planet

惑星とは、恒星のまわりを回る星です。
惑星は恒星よりも低温なので、自分では光りませんが、中心にある恒星からの光を反射することで光って見えます。

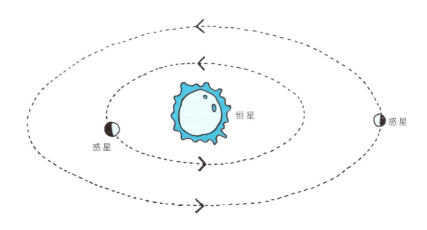

太陽系の惑星はいくつある？

太陽系（68ページ）には惑星が8つあります。
地球は太陽系の第3惑星です。

大きな惑星から
小さな惑星まで
イロイロ〜

太陽から近い順に……

第1惑星
第2惑星
第3惑星

太陽　水星　金星　地球　火星　木星　土星　天王星　海王星

018

なぜ「惑星」とよばれる？

夜空に見える惑星は、1週間前はある星（恒星）の近くにあったのに、今晩は別の星の近くに見える、ということが起こります。ふらふらしている、まどって（惑って）いる星なので、惑星とよばれるようになりました。

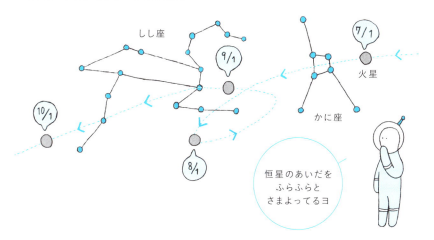

衛星

えいせい、Satellite/Natural satellite/Moon

衛星とは、惑星のまわりを回る星です。
衛星も自分では光らず、恒星からの光を反射して光って見えます。

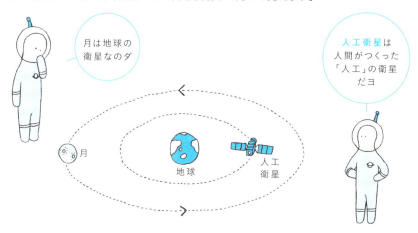

第1章 さまざまな天体　019

矮星

わいせい、Dwarf star

矮星とは「小さな星」という意味です。
赤色矮星、褐色矮星、白色矮星など、いくつかの種類がありますが、それぞれ性質が違います。

太陽

赤色矮星

太陽よりもずっと軽くて暗い恒星ジャ太陽よりもはるかに長生きなんジャヨ

褐色矮星

赤色矮星よりもさらに軽くて恒星と惑星の中間のような星だヨ

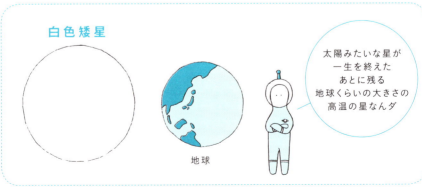

白色矮星

地球

太陽みたいな星が一生を終えたあとに残る地球くらいの大きさの高温の星なんダ

巨星

きょせい、Giant star

巨星は、大きさ（直径）が太陽の10倍から100倍もある、巨大で明るい星です。
さらに大きな星は、超巨星や極超巨星とよばれます。

超新星

ちょうしんせい、Supernova

超新星（超新星爆発）とは、重い星が一生の最後に起こす大爆発のことです。
太陽よりおよそ8倍以上重い星は、超新星爆発を起こします。

「新しい星」が生まれたみたいに輝くけれど本当は星が死に際に打ち上げる花火なのデス

超新星はどのくらい明るい？

天の川銀河（199ページ）の中で超新星が現れると、満月の100倍もの明るさで輝いたり、昼間でも星の輝きが見えたりします。

太陽が一生のあいだ（約100億年）に出す全エネルギーに匹敵するエネルギーを一瞬のうちに放出するんダゾ

太陽　　　超新星

超新星はいつ現れる？

天の川銀河の中では、100年に1度くらいは超新星が現れると考えられています。でもこの400年ほど、超新星は現れていません。

> オリオン座のベテルギウスが超新星になりそうだといわれているよ　見てみたいナ

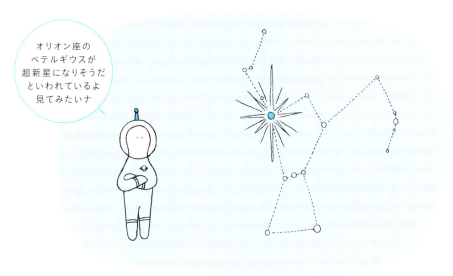

新星と超新星は何がちがう？

新星（新星爆発）とは、白色矮星（159ページ）の表面で爆発が起きて、星が一時的に明るく輝く現象です。（161ページ）
新星も超新星も、「新しい星」が生まれたものではありません。

> 白色矮星の近くに別の星があるときに新星爆発が起きるんダ

第1章　さまざまな天体　023

中性子星

ちゅうせいしせい、Neutron star

中性子星は、超新星爆発（22ページ）のあとにできる、とても小さくて重い、超高密度の星です。原子を構成する素粒子の一つである中性子がぎっしりつまっているので、中性子星と名づけられました。

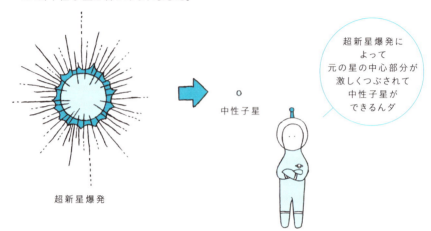

中性子星でつくった角砂糖の重さは？

超高密度である中性子星は、角砂糖1個分の重さが数億トンにもなります。
そのため、太陽と同じ重さの中性子星でも、大きさは太陽の約7万分の1（半径約10km）しかありません。

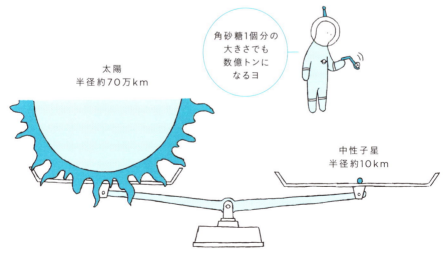

ブラックホール
Black hole

ブラックホールは、中性子星よりもさらに高密度の星です。太陽より数十倍以上重い星が超新星爆発を起こすと、ブラックホールができると考えられています。

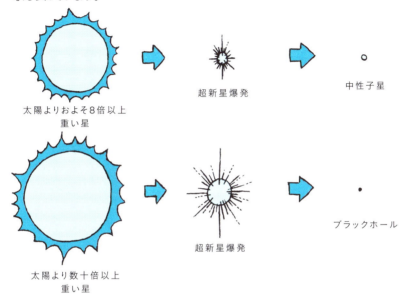

ブラックホールは非常に強い重力を周囲に及ぼします。この世でもっとも速い光さえも、ブラックホールの重力に逆らえずに、ブラックホールに吸い込まれてしまいます。そのためにブラックホールは「真っ暗」に見えるのです。

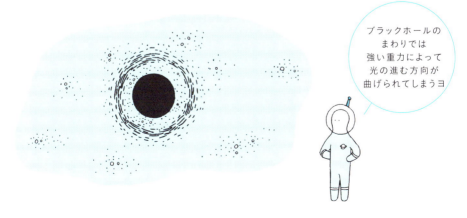

ブラックホールのまわりでは強い重力によって光の進む方向が曲げられてしまうヨ

第1章 さまざまな天体　025

星雲

せいうん、Nebula

星雲は、ガスやちり（塵）でできた、雲のように見える天体です。
宇宙空間には非常に薄いガスやちり（これらを**星間物質**（140ページ）といいます）がただよっていますが、その中の濃い部分が星雲として見えます。

暗黒星雲

真っ暗に見える星雲

散光星雲（輝線星雲）

明るく輝く星雲

星雲は「星のゆりかご」？

恒星は星雲の中から生まれます。そして恒星は燃えつきると、ふたたび星雲になり、その中から新たな星が生まれます。星雲は「星のゆりかご」なのです。

新しい恒星は星の材料である星雲の中から生まれてくるのだネ

※昔は「1つ1つの星に分解できない、雲のようなぼんやりとした天体」のことをまとめて星雲と呼んでいました。その中には、現在では銀河（30ページ）に分類されるものも含まれていました。この項で説明している天体は、現在では星間雲（141ページ）と呼ばれているものです。

星団

せいだん、Star cluster

星団とは、私たちが属する天の川銀河（199ページ）の中にある恒星の集団です。星団をつくる恒星の数は、少ないもので数十個、多いものでは数百万個にものぼります。

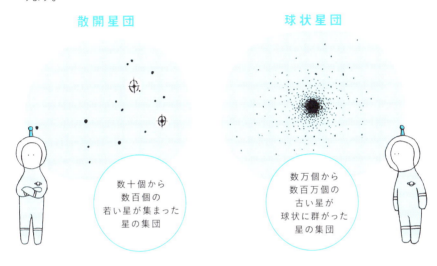

散開星団
数十個から数百個の若い星が集まった星の集団

球状星団
数万個から数百万個の古い星が球状に群がった星の集団

太陽も昔は星団の一員だった？

恒星は、星雲の中から同時にたくさん生まれて星団をつくると考えられています。私たちの太陽は、今は星団に属していませんが、昔は兄弟の星たちといっしょに星団をつくっていたのかもしれません。

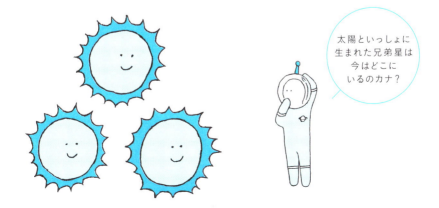

太陽といっしょに生まれた兄弟星は今はどこにいるのカナ？

彗星

すいせい、Comet

彗星は、太陽のまわりを回る小天体のうち、太陽に近づくと「**尾**」を出すもののことです。その姿から「**ほうき星**」ともよばれます。
彗星の多くは、細長い楕円軌道の上を移動していて、数年から数百年に一度、太陽のそばに戻ってきます。

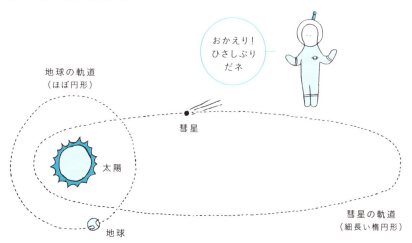

彗星の正体は「汚れた雪玉」？

彗星の本体（核）は直径数キロメートルほどの氷で、岩石や金属のちりも含むので「汚れた雪玉」ともよばれます。
太陽に近づくと、氷が太陽の熱で溶けて、ガスやちりが太陽と反対方向に吹き出して、美しい尾として観測されます。

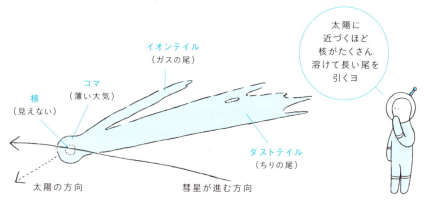

流星

りゅうせい、Meteor/Shooting star

流星(流れ星)は、おもに彗星がまき散らしたちりが地球の大気中に突入して、大気との摩擦によって高温になって光る現象です。
非常に明るい流星は**火球**と呼ばれます。

流星は宇宙空間の天体じゃなくて地球の大気中の発光現象なのダ

流星群は彗星の置き土産？

彗星の軌道上には、大量のちりが川のように流れています。そこを地球が通り過ぎると、ちりがたくさん大気中に飛びこんできて、多くの流星が生まれます。これが**流星群**です。

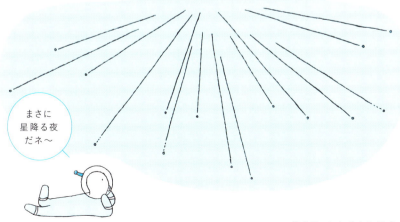

まさに星降る夜だネ〜

第1章 さまざまな天体

銀河

ぎんが、Galaxy

銀河は、数百万個から数千億個ほどの恒星が集まった集団です。宇宙の中で均等に散らばっているのではなく、銀河という集団をつくって存在しています。
宇宙全体には、銀河が何千億個もあると考えられています。

渦巻銀河

楕円銀河

きれいな
渦模様が見える
銀河だネ

星が円形や
楕円形に
集まっている
銀河だヨ

太陽系は
天の川銀河という
「棒渦巻銀河」
（206ページ）の
中にあるんダヨ

太陽系の位置

030

銀河群

ぎんがぐん、Group of galaxy

恒星が銀河という集団を作るように、銀河も集団を作ります。小さな集まり（数個から数十個程度）を 銀河群 といいます。

天の川銀河は30個ほどの銀河と銀河群をつくっておりマス

銀河団

ぎんがだん、Galaxy cluster

銀河の大きな集まり（100個程度から数千個）を 銀河団 といいます。

もっと大きな銀河の集団の話はあとのお楽しみダヨ

宇宙にまつわる哲学者＆科学者

01

プラトンとアリストテレス

B.C.427 -B.C.347、B.C.384 - B.C.322

ソクラテスを加えて「古代ギリシャの三大哲学者」
として知られる彼らは宇宙についても考察しました
プラトンは「球体である地球が宇宙の中心にあり
その周囲を月や太陽や星が貼りついたいくつもの
天球（56ページ）が回っている」
という天動説（地球天球説）を唱えました
アリストテレスはプラトンの考えを受け継いで
天球を回す「不動の動者」という存在を考えました

02

アリスタルコス

B.C.310 - B.C.230頃

古代ギリシャの天文学者アリスタルコスは
巧みな方法を用いて月と太陽の大きさを測定して
太陽が地球よりもずっと大きいことを知りました
そこでアリスタルコスは
「宇宙の中心にあるのは地球ではなくて
太陽のほうかもしれない」と考えました
コペルニクスより1800年も前に地動説を提唱した
ことから「古代のコペルニクス」とも呼ばれます

第 2 章

太陽と月と地球

太陽

たいよう、Sun

太陽は、地球にもっとも近い恒星であり、おもに水素とヘリウムでできた、巨大なガスのかたまりです。
太陽は恒星としては大きすぎず、小さすぎない「標準的な恒星」といえます。

太陽の大きさと重さ、表面温度

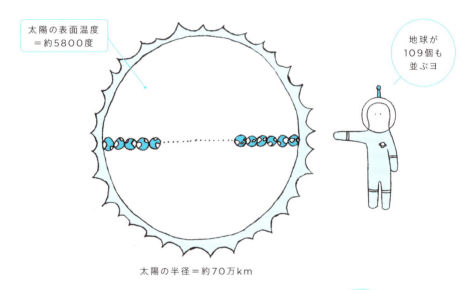

太陽の表面温度＝約5800度

地球が109個も並ぶヨ

太陽の半径＝約70万km

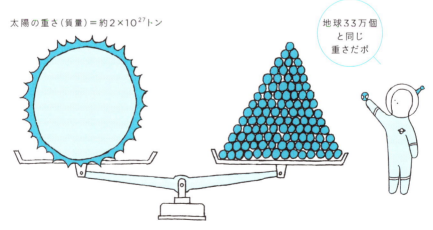

太陽の重さ（質量）＝約$2×10^{27}$トン

地球33万個と同じ重さだポ

太陽も自転している？

太陽と地球はどれだけ離れている？

地球は太陽のまわりを1年で1周（公転）しています。
地球と太陽の平均距離は、約1億4960万kmで、これを「1天文単位」(72ページ)といいます。

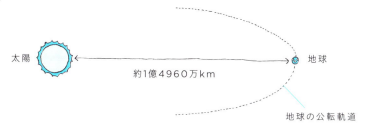

太陽が放つエネルギーはどのくらい？

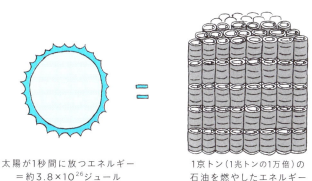

光球

こうきゅう、Photosphere

光球は、太陽など恒星の明るく光った表面のことです。
ガスでできた太陽にはっきりとした表面はありませんが、光がほぼ素通りできるようになる部分を太陽の表面として、光球と呼んでいます。

太陽の表面のようす

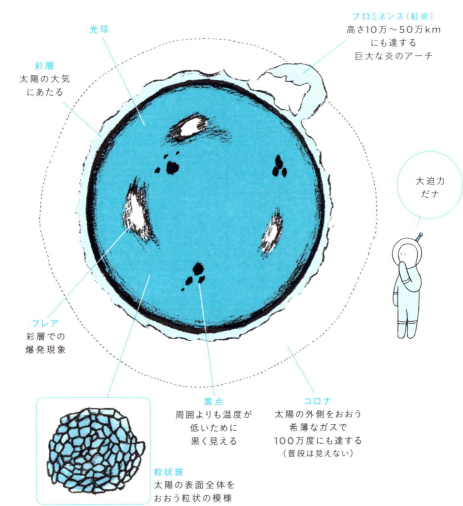

黒点

こくてん、Sunspot

黒点は、太陽表面に見える黒いシミのようなものです。周囲よりも温度が1000～2000度低いために黒く見えますが、実際には輝いています。
黒点は磁場が強い部分であることがわかっています。

大きな黒点は
地球よりも
デッカイヨ

黒点の数は太陽の活動と関係がある？

黒点は約11年周期で数が増減することが知られています。
黒点が多いときには太陽表面の活動が盛んになってフレアがしばしば発生し、逆に黒点が少ないときは活動がおだやかになります。

黒点が多い　　　黒点が少ない

黒点の少ない
状態が例外的に
何十年も続いたときには
太陽の活動が弱まって
地球全体が寒冷化
したこともある

フレア
Flare

フレアは、恒星の表面で発生する爆発現象です。
太陽で起こるものは太陽フレアや太陽面爆発ともいいます。太陽フレアは太陽系における最大の爆発です。
黒点が多いときほど、大規模なフレアが発生します。

爆発の威力は水素爆弾の10万個から1億個にも匹敵するヨ

フレアがオーロラや磁気嵐を発生させる？

フレアによって、強力なX線などの放射線や、高エネルギーの荷電粒子（電気を帯びた粒子）が放出されます。これらが地球にやって来ると、オーロラが低緯度でも見られたり、磁気嵐によって通信障害が発生したりします。

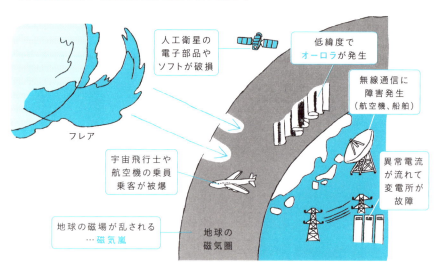

スーパーフレアが地球を襲う?

太陽で起こる大規模なフレアの、さらに100倍から1000倍以上の強さのものを**スーパーフレア**といいます。スーパーフレアは太陽でも数千年に1度くらい起こるかもしれません。

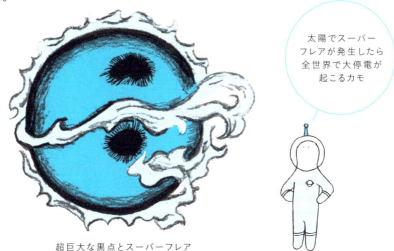

超巨大な黒点とスーパーフレア

太陽でスーパーフレアが発生したら全世界で大停電が起こるカモ

「宇宙天気予報」でフレアの発生を予測する?

太陽を観測する人工衛星や世界中の天文台が、太陽の活動をモニターして、大規模なフレアが発生しそうな場合などに警報を出す**宇宙天気予報**の取り組みが進んでいます。

IT・情報化時代に宇宙天気予報は欠かせないのダ

第2章 太陽と月と地球　039

核融合
かくゆうごう、Nuclear fusion reaction

太陽などの恒星は**核融合**によって、膨大なエネルギーを生みだしています。核融合は太陽の中心にある**中心核**で起こり、生みだされたエネルギーは光や熱となって外側へ運ばれていきます。

太陽の内部のようす

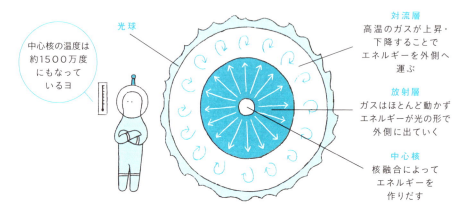

なぜ核融合でエネルギーが生まれるの？

太陽の中心核では、4つの水素原子核（陽子）から、1つのヘリウム原子核がつくられています。その際に質量がわずかに減って、代わりに膨大なエネルギーが生まれます。これは「質量（物質）からエネルギーを取りだすことができる」という**相対性理論**（272ページ）に基づいています。

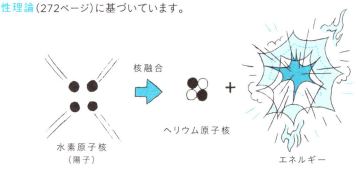

※4つの水素原子核からいきなりヘリウム原子核ができるのではなく、実際の反応経路はもっと複雑です。
※ヘリウム原子核だけでなく、陽電子（262ページ）やニュートリノ（261ページ）という素粒子も同時につくられます。

太陽風

たいようふう、Solar wind

太陽からは光だけでなく、高エネルギーの陽子や電子などが毎秒約100万トンも猛スピードで宇宙空間に飛びだしています。これを太陽風といいます。
太陽から飛びだした太陽風は、わずか数日で地球まで届き、そのまま太陽系の果てまで吹いていきます。

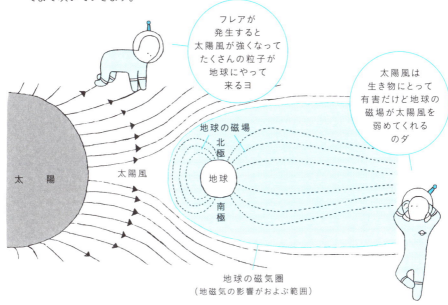

オーロラはどうして輝くの？

太陽風の粒子の一部は、地球の磁力線によって地球の北極や南極に導かれて、そこから地球の大気に進入します。そして大気中の酸素や窒素にぶつかると、赤や緑などに輝きます。これがオーロラとして見えるのです。

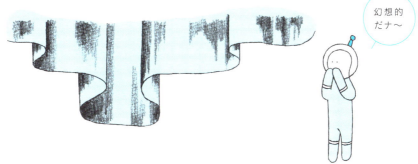

第2章 太陽と月と地球　041

皆既日食

かいきにっしょく、Total eclipse

日食（日蝕とも）は、太陽が月に隠される現象です。
太陽が月に完全に隠されるものを皆既日食、太陽の一部が隠されるだけで終わってしまうものを部分日食といいます。

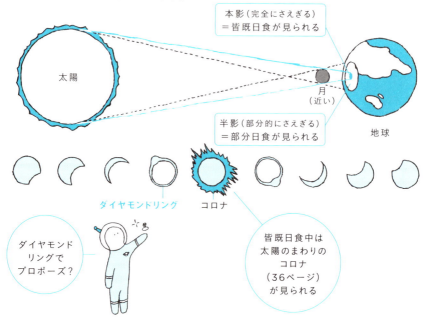

日食はなぜあまり見られない？

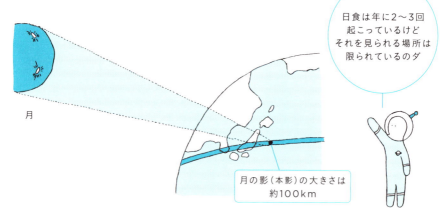

金環日食

きんかんにっしょく、Annular eclipse

月の見かけの大きさが太陽よりも少し小さいときには、月が太陽の全部を隠せず、太陽の外側が指輪のように光る金環日食が起こります。

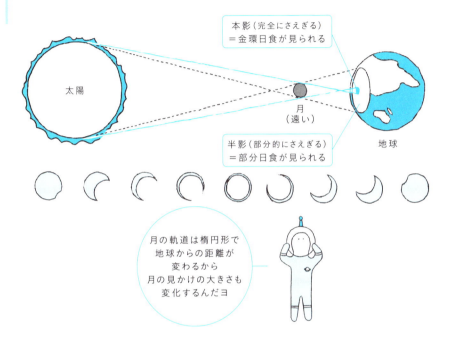

日本で次に見られる日食はいつ？

第 2 章　太陽と月と地球　　043

月

つき、Moon

月は、地球のまわりを回る衛星（19ページ）です。
月の大きさは、地球の約4分の1もあります。太陽系の他の惑星と比較すると、地球は不釣り合いなほど大きな衛星をもっています。

地球と月の大きさの比較

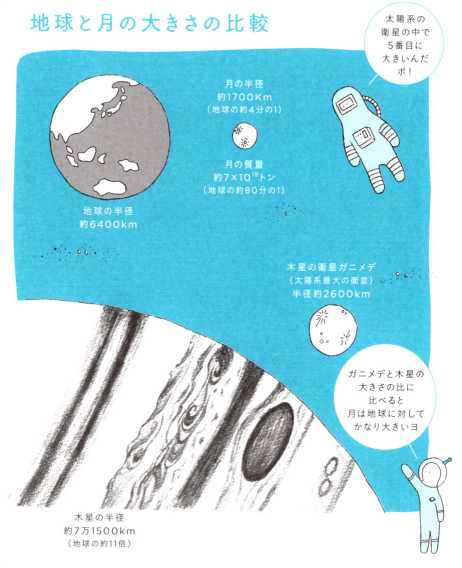

太陽系の衛星の中で5番目に大きいんだポ！

地球の半径
約6400km

月の半径
約1700Km
（地球の約4分の1）

月の質量
約 $7×10^{19}$ トン
（地球の約80分の1）

木星の衛星ガニメデ
（太陽系最大の衛星）
半径約2600km

ガニメデと木星の大きさの比に比べると月は地球に対してかなり大きいヨ

木星の半径
約7万1500km
（地球の約11倍）

地球と月の距離はけっこう変わる？

月と地球との平均距離は約38万kmです。しかし、月の公転軌道は完全な円ではなく、楕円なので、最大で約4万kmも変化します。

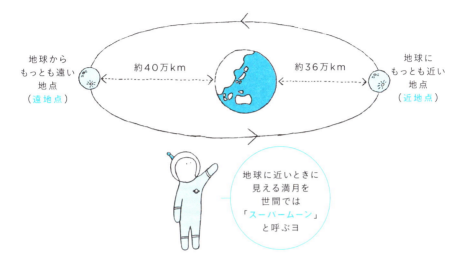

月がいつも同じ面を地球に向けているのはなぜ？

地球から見ると、月はいつも同じ面（うさぎの模様が見える面）が見えます。これは、月が約27日で1回公転するあいだに、ちょうど1回自転するからです。
地球から見える月の面のことを、月の表といいます。ただし、月の首振り運動（秤動といいます）のために、地球から月面の約6割を見ることができます。

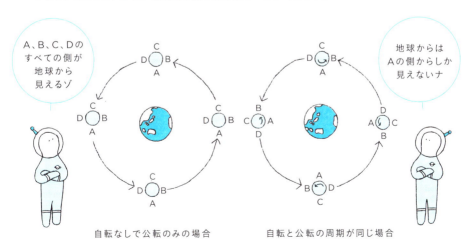

自転なしで公転のみの場合　　自転と公転の周期が同じ場合

第2章　太陽と月と地球　045

高地

こうち、Highland

高地は、月面のクレーター（47ページ）が多く、白く見える険しい地形です。白くて軽い**斜長岩**でできています。

海（月の海）

うみ（つきのうみ）、Lunar mare

月の海は、クレーターが少なく、暗く見える平らな地形です。実際に液体の水が存在するわけではありません。「大洋」「湖」「入江」などは、大きさや形が違うだけで、海と同じものです。黒くて重い**玄武岩**でできています。

月の表の目立つ海とクレーター

クレーター

Crater

クレーターは天体の衝突によってできた、丸くくぼんだ地形です。
月のクレーターは、隕石(104ページ)などが月面に衝突してできたと考えられています。月には大気がないので、衝突する隕石が多く、また、雨や風で風化せず、地殻変動で消えることもなかったので、たくさんのクレーターが残っています。

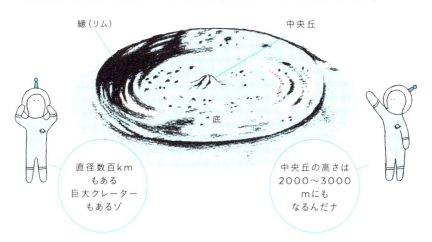

直径数百kmもある巨大クレーターもあるゾ

中央丘の高さは2000〜3000mにもなるんだナ

縦穴

たてあな、Vertical hole

縦穴は月面にあいた直径50mを超える大穴で、深さも数十mあります。日本の月探査機「**かぐや**」(64ページ)のカメラが撮影した画像から発見されました。

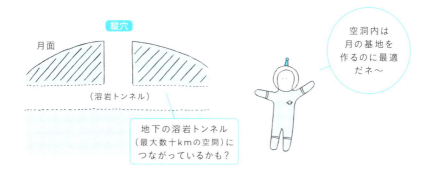

空洞内は月の基地を作るのに最適だネ〜

地下の溶岩トンネル(最大数十kmの空間)につながっているかも?

第2章 太陽と月と地球

月の裏

つきのうら、Far side of the moon

月の裏は、地球から見えない側の月の半球です。
探査機が月の裏を観測するまで、人類は月の裏の様子を知りませんでした。
月の裏は、海がほとんどなくて白っぽく、表とはだいぶ違う表情をしています。

月の裏の目立つ海とクレーター

南極エイトケン盆地は直径約2500km 深さ約13kmもある月最大のクレーターだゾ

モスクワの海
ジャクソンクレーター
南極エイトケン盆地

月の裏に天文台をつくる？

月の裏では、地球からの光や電波が完全にさえぎられます。しかも、月には望遠鏡の大敵である大気がありません。ですから、月の裏は天体観測に最適の場所です。

潮汐力

ちょうせきりょく、Tidal force

潮汐力は、地球の海の「潮の満ち引き」を起こす原因になる力です。
潮の満ち引きは、月の引力(重力)が、月に近い側では大きくなり、月から遠い側では小さくなることと、地球が月の重力によって「ふらつく」ことによる遠心力が働くことで起こります。

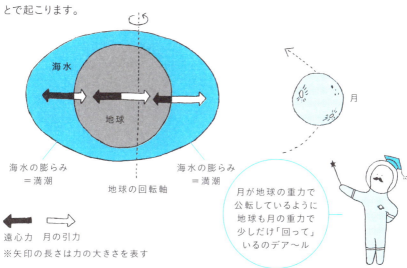

月が地球の重力で公転しているように地球も月の重力で少しだけ「回って」いるのデアール

潮汐力のために月は地球から遠ざかっている?

潮の満ち引きによって海水が移動すると、海底とのあいだに摩擦が起きて、地球の自転にブレーキがかかり、地球の自転速度が遅くなります(10万年で1秒ほど)。
すると、月の公転半径が大きくなり、月は地球から遠ざかります。
月は毎年2〜3cmずつ、地球から遠ざかっています。

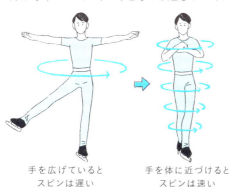

フィギュアスケートのスピンと同じ原理で地球の自転が遅くなると月の公転半径が大きくなるんダ

第2章 太陽と月と地球　049

月の満ち欠け
つきのみちかけ、Lunar phase

月は自分で光っているのではなく、太陽の光に照らされて輝きます。
月は地球のまわりを公転しているので、地球から月を見ると、月が太陽に照らされている部分の見え方が変化します。これが **月の満ち欠け（月相）** です。

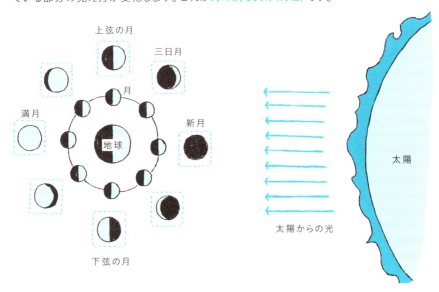

月の欠けている部分がうっすら見える？

月の欠けている部分が、うっすらと見えることがあります。これは、地球が太陽光を反射して、その光が月に届くためであり、**地球照** とよばれます。

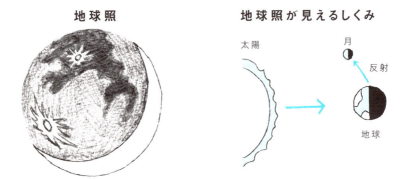

050

月食

げっしょく、Lunar eclipse

月食(月蝕とも)は、月が地球の影に隠れる現象です。
月が完全に地球の影に入る皆既月食と、月の一部が欠ける部分月食があります。

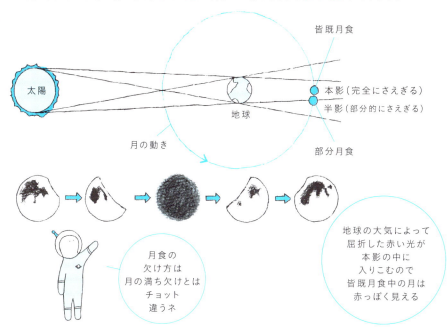

満月のたびに月食が起こらないのはなぜ？

月食が起こるとき、地球から見ると月は「満月」の位置にいます。ですが、月の公転軌道は、地球の公転軌道(地球が太陽のまわりを回る軌道)に対して約5度傾いているので、満月のときでも月は地球の影が落ちる場所から少しずれていることが多いのです。それがぴったり重なるときだけ、月食が起こります。

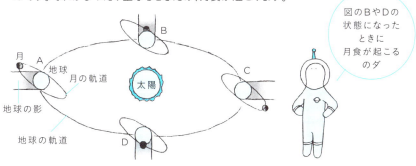

第2章 太陽と月と地球 051

地球

ちきゅう、Earth

私たちがすむ地球は、太陽から1天文単位（72ページ、約1億5000万km）離れたところにある、3番目に太陽に近い惑星（太陽系第3惑星）です。

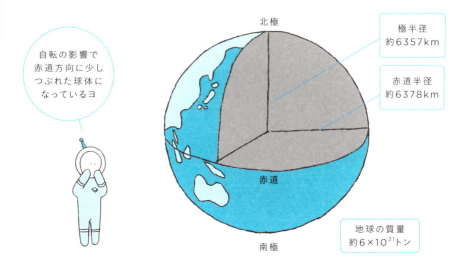

地球の内部はどうなっているの？

地球の内部は中心から核（コア）、マントル、地殻の3層構造をしていることが明らかになっています。

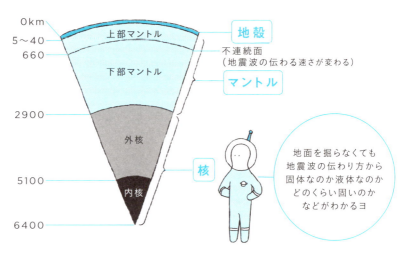

自転

じてん、Rotation

地球は、地軸を中心にして東向きに回転しています。これを地球の自転といいます。地球の自転周期は、8万6,164秒（23時間56分4秒）です。

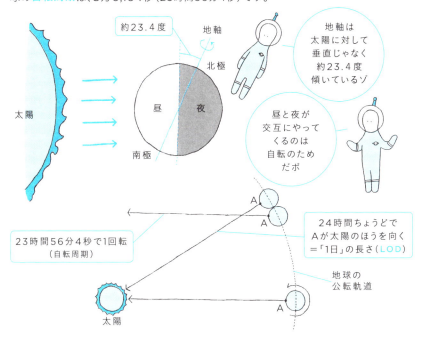

「うるう秒」はなぜ入れるの？

地球の自転速度は、じつはけっこうむらがあり、一定ではありません。
そこで地球の自転による「1日」と、原子時計（非常に正確な時計）で測定した「1日」とのあいだでずれが大きくなったとき、うるう秒による調整を行います。

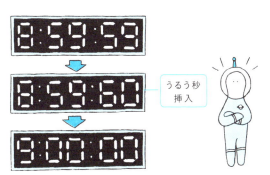

地球の自転速度は潮汐力の影響で遅くなっているが（49ページ）それは10万年に1秒程度の遅れなのでうるう秒とは関係ない 短期的に地球の自転速度にむらが生じる理由はよくわかっていない

第2章 太陽と月と地球

公転

こうてん、Revolution

地球は太陽のまわりを1年かけてまわっています。これを公転といいます。
地球の公転速度は、秒速約30km（時速約11万km）です。

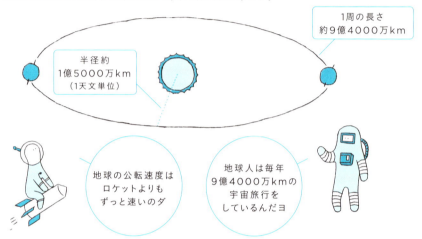

季節の変化はなぜ起こる？

地球の地軸は公転面に対して傾いているので（53ページ）、時期によって太陽の高度が変わり、それが季節の変化を生みます。

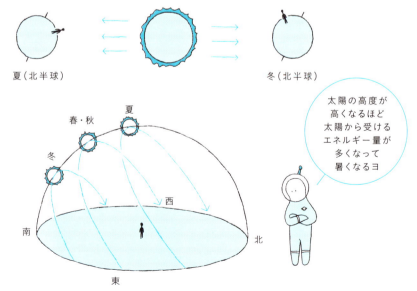

近日点

きんじつてん、Perihelion

地球の公転軌道はきれいな真円ではなく、楕円なので、太陽との距離は変化します。公転軌道上で太陽にもっとも近づく点を **近日点**、太陽からもっとも離れる点を **遠日点** といいます。

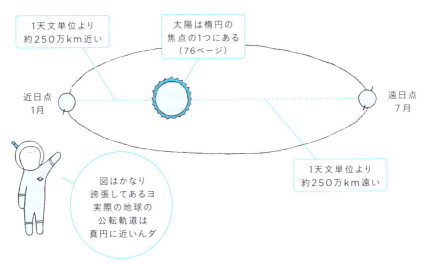

近日点のときに夏にならないのはなぜ？

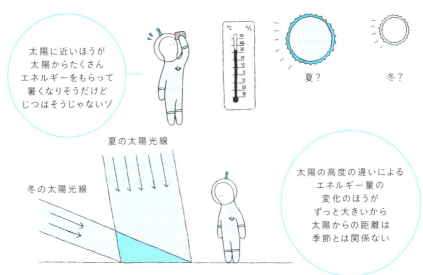

第2章 太陽と月と地球　055

黄道

こうどう、Ecliptic

黄道とは、天球における太陽の見かけ上の通り道です。
地球は太陽のまわりを公転していますが、地球から見ると太陽が1年かけてほかの星々のあいだを移動していくように見えます（実際には太陽の光でほかの星々は見えませんが）。この道すじが黄道です。

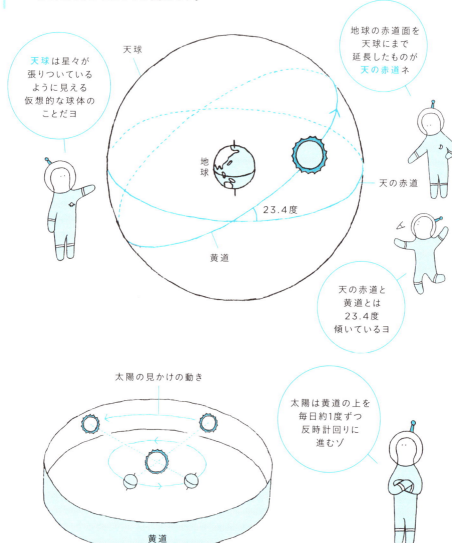

春分点

しゅんぶんてん、Vernal equinox

黄道と天の赤道との交点を春分点と秋分点といいます。
それぞれの点を太陽が通過する瞬間が、春分と秋分になります。

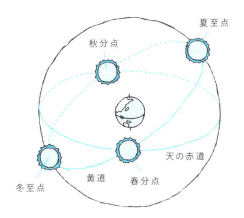

春分の日はなぜ昼と夜の長さが同じ？

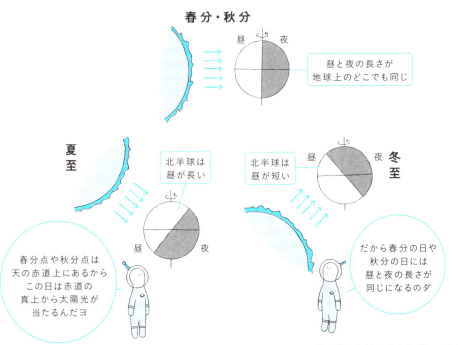

南中

なんちゅう、Culmination

南中とは、太陽や月などの天体がちょうど真南にくることです。正中や子午線通過ともいいます。
南中したときには、天体の高度が1日のなかでもっとも高くなります。

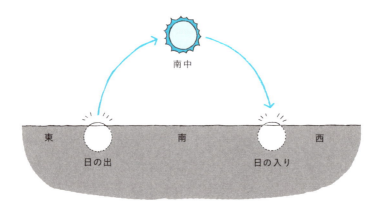

南半球では「北中」になる？

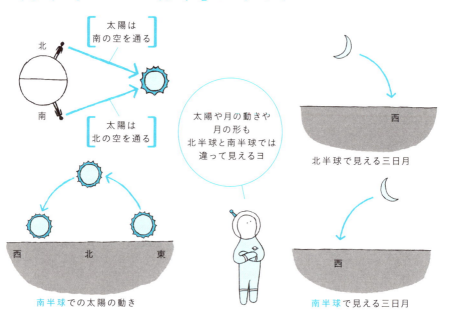

夏至

げし、Summer solstice

夏至の日は、北半球では1年のうちで南中時の太陽の高度が一番高くなり、昼の長さが1年で一番長くなります。逆に冬至の日は、北半球では1年のうちで南中時の太陽の高度が一番低くなり、昼の長さが1年で一番短くなります。

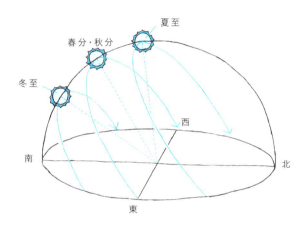

夏至の日は「日の出が一番早い日」ではない？

日の出が一番早い日は夏至より1週間ほど前で、日の入りが一番遅い日は夏至より1週間ほどあとになります。また、日の出が一番遅い日は冬至より半月ほどあとで、日の入りが一番早い日は冬至より半月ほど前になります。

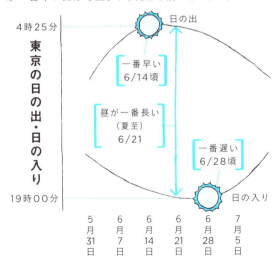

日の出や日の入りの時刻は太陽の高度だけじゃなく地球の公転速度の変化などが関係して決まるのでとても複雑だヨ

第2章 太陽と月と地球 059

原始太陽

げんしたいよう、Protosun

原始太陽は、一人前の星になる前の段階の「赤ちゃん太陽」のことです。
今から約46億年前、宇宙をただようガスやちりの雲（星間雲→141ページ）の中の特に濃い部分が、近くで起きた超新星爆発（22ページ）で圧縮され、収縮を始めました。それがやがて原始太陽となり、最終的に太陽となったのです。

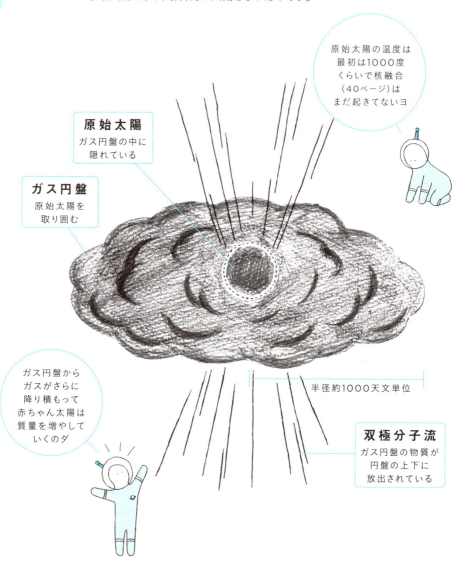

太陽が「大人の星」になるまで

ガスやちりの雲が収縮を始めて、赤ちゃん太陽（原始太陽）が生まれ、成長して、核融合を行う大人の星（主系列星→150ページ）になるまで、1億年ほどかかったと考えられています。

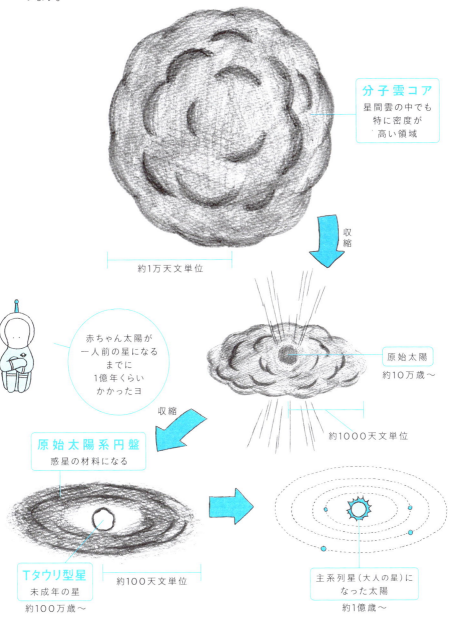

ジャイアント・インパクト
Giant impact

月がどのようにしてできたのかは、まだ完全にはわかっていません。
もっとも有力なのは、地球の形成初期に火星サイズの原始惑星（112ページ）が衝突して、宇宙にまき散らされた破片が再び集まって月ができたとするジャイアント・インパクト（巨大衝突）説です。

月の起源をめぐるさまざまな説

兄弟説
月と地球は太陽系内のちりが集まって同時に誕生した

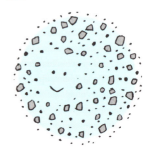

親子説
昔の地球が高速で自転していたためにそこから飛びだした物質が月になった

この3つの説はそれぞれ一長一短があって決め手に欠けるポ

他人説
別のところで作られた月が地球の重力にとらえられた

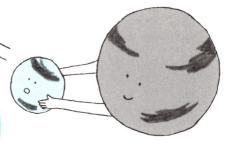

月はたった「1か月」でできた？

コンピュータ・シミュレーションによると、ジャイアント・インパクトによってばらまかれた岩石から、1か月から1年という短期間で月ができたことが示されています。

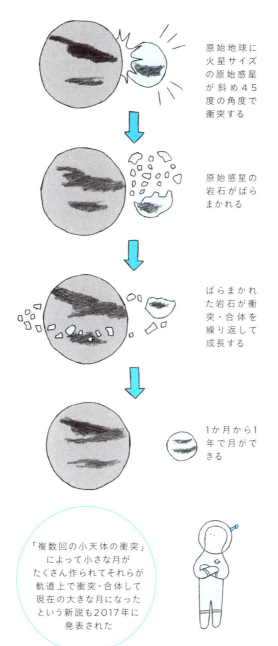

原始地球に火星サイズの原始惑星が斜め45度の角度で衝突する

原始惑星の岩石がばらまかれる

ばらまかれた岩石が衝突・合体を繰り返して成長する

1か月から1年で月ができる

「複数回の小天体の衝突」によって小さな月がたくさん作られてそれらが軌道上で衝突・合体して現在の大きな月になったという新説も2017年に発表された

第2章 太陽と月と地球　063

かぐや

「かぐや」とはJAXA（292ページ）が2007年に打ち上げた月周回衛星の愛称です。正式名称は「SELENE（セレーネ）」といいます。およそ1年半のあいだに月を約6500周回しながら、14種類の装置を使ってアメリカのアポロ計画以来最大規模の本格的な月探査を行いました。

かぐやの探査で何がわかった？

かぐやはレーザー高度計を使って、月全球の正確な地形図を作りました。これは今後の月探査機の着陸地点や月面基地の候補地の決定に重要な役割をはたします。また、月の表と裏で重力の強さに違いがあることや、月の裏側の一部では従来の考えよりも最近までマグマ活動があったことなどを明らかにしました。これらは月の誕生と進化の歴史に関する新たな知見をもたらしてくれました。月の縦穴（47ページ）の発見も大きな成果です。

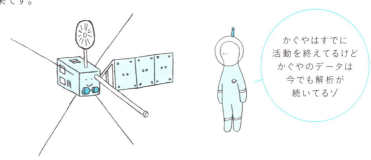

かぐやはすでに活動を終えてるけどかぐやのデータは今でも解析が続いてるゾ

SLIM

スリム

SLIMは、JAXAが計画している小型の月着陸実証機です。将来の月・惑星探査に必要となる、狙った場所にぴたりと着陸させる「ピンポイント着陸」の技術を開発することを目指しており、2020年の打ち上げが目指されています。

将来の月探査・開発はどうなる?

現在、世界各国はこぞって月探査に乗り出しています。なかでも中国は、2013年に世界で3番目に(アメリカ、旧ソ連に次ぐ)無人探査機の月着陸に成功させるなど、月探査を積極的に進めています。アメリカも、月周辺に宇宙ステーション「ディープ・スペース・ゲートウェイ」を建設して、将来の有人火星探査の中継地とする構想を発表しています。この構想に日本も参加して、日本人飛行士の月面着陸を目指す意向をJAXAが表明しています。民間団体による月面ロボット探査レース「Google Lunar XPRIZE」も現在行われています。「月に多くの人が住む時代」は、思いのほか早くやって来るのかもしれません。

宇宙にまつわる哲学者＆科学者

03

プトレマイオス（トレミー）

83頃 - 168頃

古代ローマ時代にエジプトのアレキサンドリアで
活躍したプトレマイオスは精密な天体観測をおこない
地球を中心とした太陽・月・惑星の運行を計算して
天動説に基づいた天文学の体系を打ち立てました
その内容をまとめた著作は「最高の書物」という意味の
『アルマゲスト』と呼ばれます
プトレマイオスが築いた宇宙観はその後
1400年にわたって西洋を支配したのです

04

コペルニクス

1473 - 1543

ポーランドの聖職者兼医師だった
コペルニクスは天文学にも興味を持っていました
惑星の逆行（75ページ）などを説明するために
天球が複雑な動きをするという天動説の説明に
納得できなかった彼は古い文献を調べて
アリスタルコスの地動説を「再発見」しました
地動説では惑星の逆行などを簡単に説明できるので
コペルニクスは地動説を信じるようになったのです

太陽系

たいようけい、Solar system

太陽系とは、恒星である太陽と、太陽の重力によって公転している惑星などの天体を合わせた集団のことです。つまり「太陽一家」です。
1つの恒星（太陽）と8つの惑星、いくつかの**準惑星**（107ページ）、多数の衛星、**小惑星**（100ページ）、彗星などが、太陽系を作る家族たちになります。

太陽系の惑星の公転軌道（水星から火星まで）

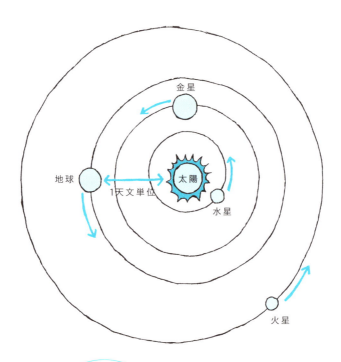

地球と火星の軌道の
間隔が一定でないのは
火星の軌道が
かなりつぶれた楕円に
なっているためだヨ

太陽系の惑星などの公転軌道（火星以遠）

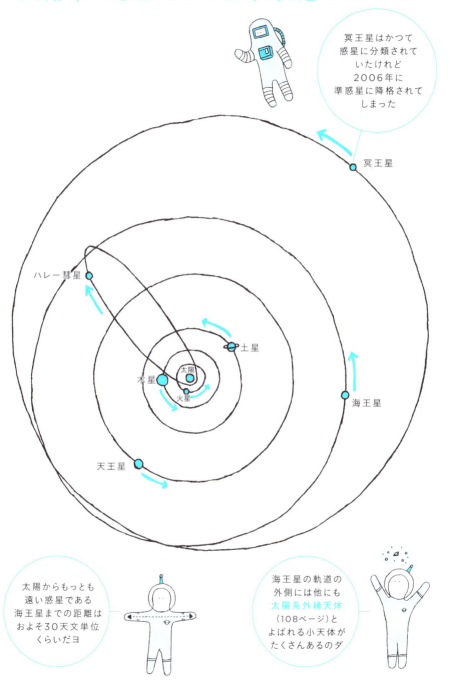

第3章 太陽系の仲間たち

内惑星

ないわくせい、Inferior planet

地球を基準にして、より太陽に近い内側の軌道を回る水星と金星を**内惑星**といいます。一方、地球より外側の軌道を回る火星、木星、土星、天王星、海王星を**外惑星**といいます。

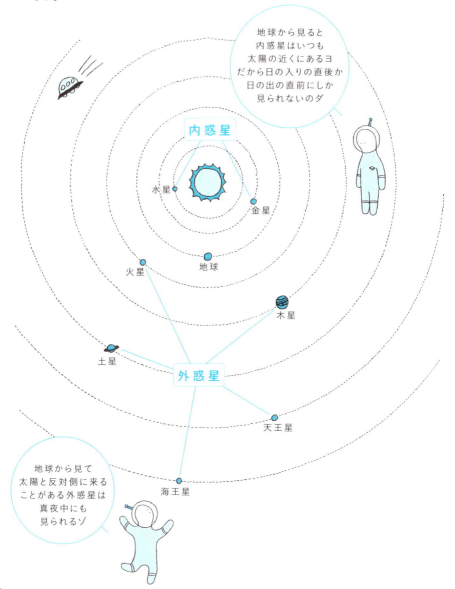

巨大ガス惑星

きょだいガスわくせい、Gas giant

惑星を大きさや組成で分類する方法もあります。水星、金星、地球、火星は岩石惑星（または地球型惑星）、木星と土星は巨大ガス惑星（または木星型惑星）、天王星と海王星は巨大氷惑星（または天王星型惑星）に分類されます。

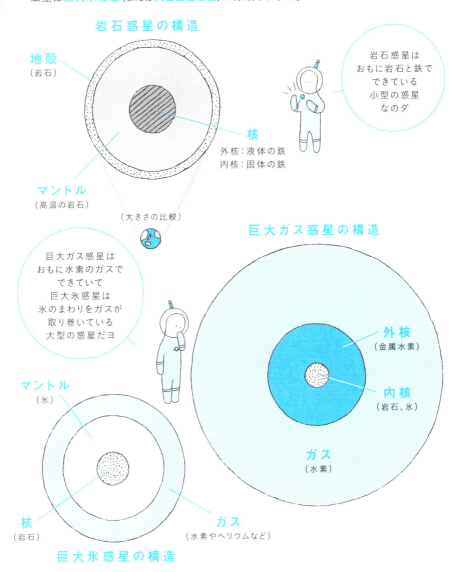

第 3 章　太陽系の仲間たち　071

天文単位

てんもんたんい、Astronomical unit

天文単位（AUとも）は、天文学で使われる距離の単位で、約1億5000万km（正確には1億4959万7870.7km）です。太陽と地球の平均距離が由来になっていて、太陽系内の距離の単位としてよく使われます。

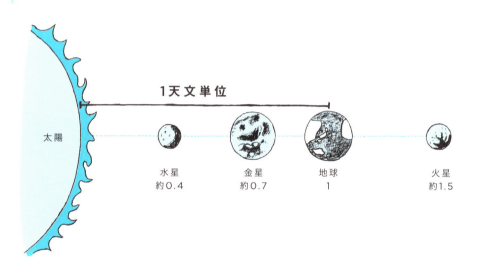

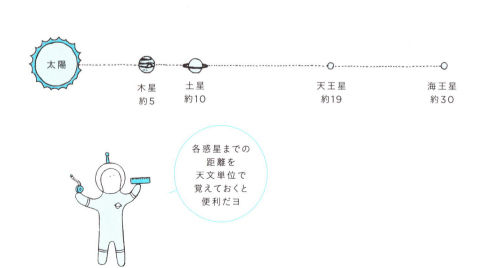

各惑星までの距離を天文単位で覚えておくと便利だヨ

合

ごう、Conjunction

内惑星が地球から見て太陽と完全に同じ方向にあることを合といいます。
太陽の手前にあるものを内合、太陽の真後ろにあるものを外合といいます。

最大離角

さいだいりかく、Greatest elongation

内惑星が地球から見て太陽から一番離れて見える状態を最大離角といいます。
内惑星が太陽の東側にあるときのものを東方最大離角、太陽の西側にあるときのものを西方最大離角といいます。

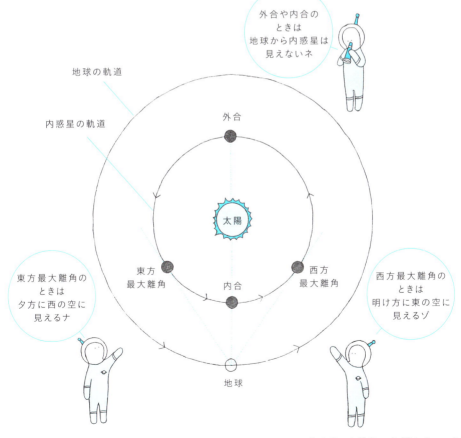

衝

しょう, Opposition

外惑星が地球から見て太陽と正反対の方向にあることを衝といいます。

矩

く, Quadrature

地球から見て、外惑星と太陽との角度(離角)が90度になることを矩といいます。
東に90度離れることを東矩、西に90度離れることを西矩といいます。

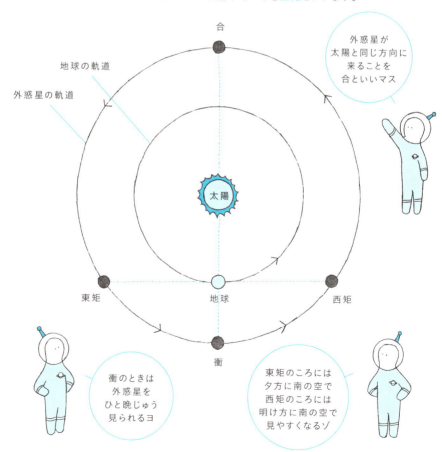

逆行

ぎゃっこう、Retrograde motion

一般に惑星は、背景の星々(恒星)のあいだを毎晩少しずつ東へ移動しています。これを順行といいます。ところが外惑星は、ときどき西へ移動することがあり、これを逆行といいます。

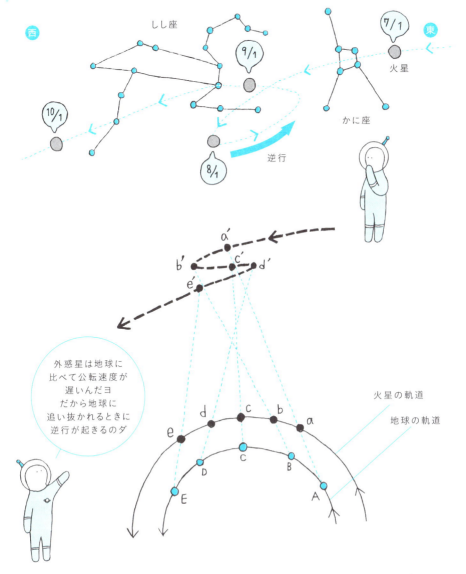

ケプラーの法則

ケプラーのほうそく、Kepler's laws of planetary motion

太陽系の惑星の公転運動に関する3つの法則を、ケプラーの法則といいます。ドイツの天文学者ケプラー(116ページ)が17世紀の初めに発見しました。

第1法則

惑星は太陽を1つの焦点とする楕円軌道を描く。
(楕円＝2つの焦点から距離の和が一定である点の集まり)

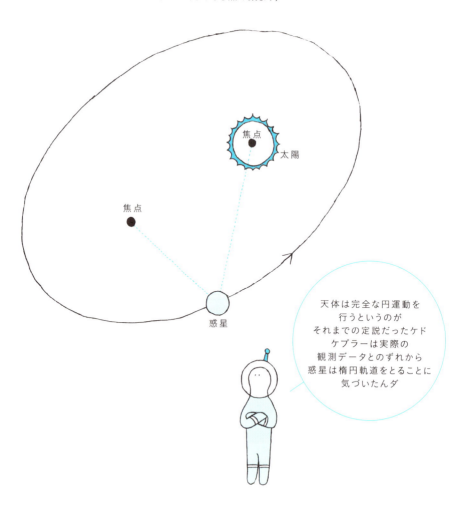

第2法則

太陽から惑星にいたる直線が、ある単位時間のうちに描く扇型の面積は、いつも等しくなる。

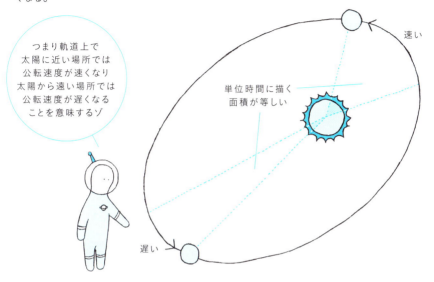

第3法則

各惑星の公転周期の2乗は、太陽からの平均距離の3乗に比例する。

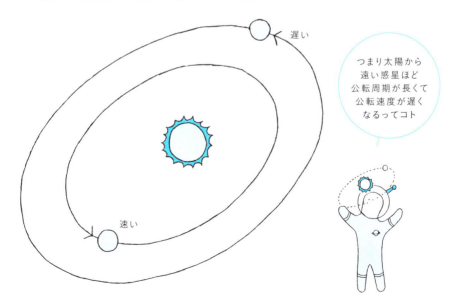

水星

すいせい、Mercury

水星は太陽にもっとも近い軌道を回る惑星です。太陽系の惑星のなかでもっとも小さな惑星ですが、その半分は鉄でできていて、密度がもっとも高い惑星でもあります。

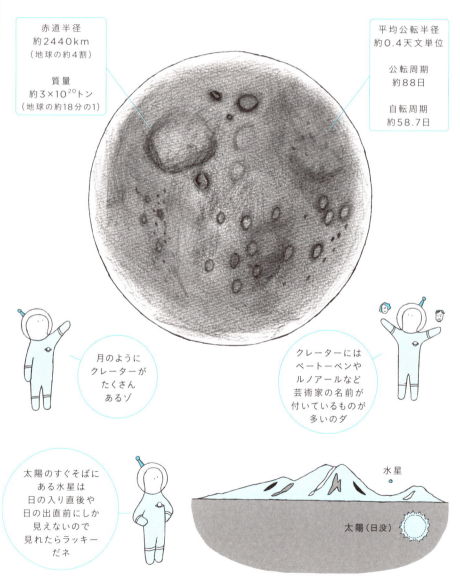

赤道半径
約2440km
（地球の約4割）

質量
約3×10^20トン
（地球の約18分の1）

平均公転半径
約0.4天文単位

公転周期
約88日

自転周期
約58.7日

月のように
クレーターが
たくさん
あるゾ

クレーターには
ベートーベンや
ルノアールなど
芸術家の名前が
付いているものが
多いのダ

太陽のすぐそばに
ある水星は
日の入り直後や
日の出直前にしか
見えないので
見れたらラッキー
だネ

水星

太陽（日没）

水星の「1日」は176日？

水星の公転周期は約88日、自転周期は約58.7日です。水星は1回公転するあいだに1.5回自転します。そのため、水星の「1日」は地球の約176日に相当します。「昼」が88日続いたあと、「夜」が88日続きます。

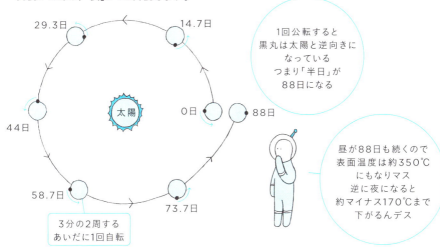

ベピコロンボ

BepiColombo

ベピコロンボは日本（JAXA→292ページ）とヨーロッパ（ESA→292ページ）が共同で行う水星探査計画です。2018年10月の探査機打ち上げ、2024年の水星到達が目指されています。

第3章 太陽系の仲間たち　079

金星

きんせい、Venus

金星は太陽に2番目に近い軌道を回る惑星です。大きさや質量が地球とよく似ている「双子」のような星ですが、その実態は、二酸化炭素を主成分とするぶ厚い大気に覆われ、表面温度は450℃以上に達する灼熱の惑星です。

赤道半径
約6100km
（地球の約0.95倍）

質量
約$5×10^{21}$トン
（地球の約0.8倍）

平均公転半径
約0.7天文単位

公転周期
約225日

自転周期
約243日

二酸化炭素を主成分とした大気は90気圧（地球の90倍）もあるポ！

分厚い大気による温室効果のせいで金星は灼熱の星になっているゾ

金星がとても明るく輝いて見えるのは金星の濃い大気が太陽光のほとんどを反射するからだヨ

金星も満ち欠けをする？

金星は月と同じく、太陽の光を反射して光るので、地球との位置関係によって太陽に照らされている部分の見え方が変わり、満ち欠けをします。また、金星と地球との距離も大きく変わるので、欠け方とともに見かけの大きさも変化します。

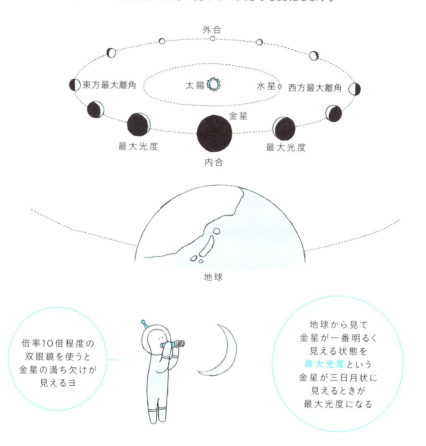

倍率10倍程度の双眼鏡を使うと金星の満ち欠けが見えるヨ

地球から見て金星が一番明るく見える状態を**最大光度**という金星が三日月状に見えるときが最大光度になる

宵の明星／明けの明星
よいのみょうじょう／あけのみょうじょう

夕方の西の空に見える金星を宵の明星、明け方の東の空に見える金星を明けの明星といいます。昔は、2つは別の星だと思われていたこともありました。

第3章 太陽系の仲間たち 081

スーパーローテーション
Super-rotation

金星では、自転速度をはるかに上回る暴風が、惑星全体で吹き荒れています。この謎の暴風を**スーパーローテーション**といいます。

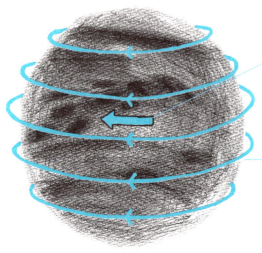

金星は243日で
1回自転する
（非常に遅い）

金星の自転速度は
赤道付近で
秒速約1.6m

金星全体に
最大で秒速100mに
達する暴風が
吹き荒れている
（自転速度の約60倍）

地球の自転速度は
赤道付近で
秒速約460m

地球でも偏西風などは
秒速100mに達するが
自転速度よりも
ずっと遅い

「自転速度よりも
速い風は吹かない」
というのが
気象学の常識なので
金星の暴風のしくみは
まだ謎なのデス

あかつき

金星探査機「あかつき」は、JAXAが2010年5月に打ち上げ、2015年12月に金星を周回する軌道に投入されました。スーパーローテーションなど、金星の大気に関する謎を解明することを目的としています。

2010年12月に軌道投入される予定だったけど失敗してしまったので5年後に再チャレンジして成功したのダ

金星では硫酸の雨が降る？

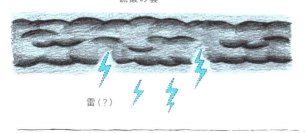

硫酸の雲

雷(?)

硫酸のしずくでできた金星の雲のようすや雷の有無など金星の大気や気象について「あかつき」は調べるヨ

第3章 太陽系の仲間たち　083

火星

かせい、Mars

火星は、地球のすぐ外側の軌道を回る太陽系第4惑星です。現在の火星は寒くて乾ききっていますが、かつて火星には海があったと考えられていて、火星でも生命が誕生した可能性があると考えられています。

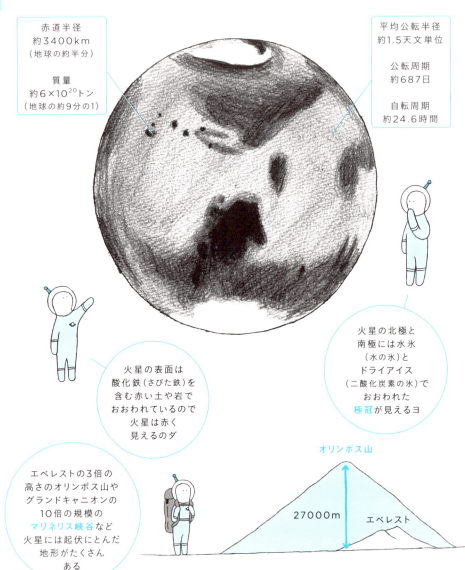

- 赤道半径 約3400km（地球の約半分）
- 質量 約$6×10^{20}$トン（地球の約9分の1）
- 平均公転半径 約1.5天文単位
- 公転周期 約687日
- 自転周期 約24.6時間

火星の表面は酸化鉄（さびた鉄）を含む赤い土や岩でおおわれているので火星は赤く見えるのダ

火星の北極と南極には水氷（水の氷）とドライアイス（二酸化炭素の氷）でおおわれた極冠が見えるヨ

エベレストの3倍の高さのオリンポス山やグランドキャニオンの10倍の規模のマリネリス峡谷など火星には起伏にとんだ地形がたくさんある

オリンポス山 27000m エベレスト

火星大接近

かせいだいせっきん、Mars' closest approach

地球と火星は約2年2か月ごとに公転軌道上で接近します。しかし、火星の軌道は地球の軌道よりもかなり楕円であるために、接近した時の距離が遠い場合(小接近)と近い場合(大接近)があり、約15〜17年ごとに繰り返します。

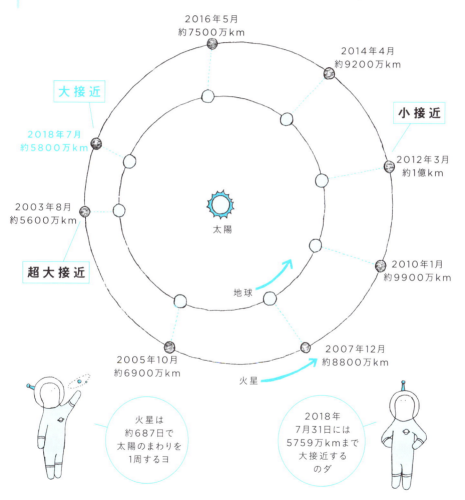

火星は約687日で太陽のまわりを1周するヨ

2018年7月31日には5759万kmまで大接近するのダ

火星接近時は探査機打ち上げのチャンス？

地球と火星が接近する時は、探査機を短い距離で火星に送りこむことができます。そのため、火星探査機は約2年2か月ごとに次々と打ち上げられています。

バイキング
Viking

バイキングは、かつてNASAが火星に送った2機の無人探査機です。1976年にバイキング1号と2号は相次いで火星に着陸し、火星表面の土を採取して微生物などがいないかどうかを調べましたが、生命は発見できませんでした。

キュリオシティ
Curiosity

キュリオシティは、2012年に火星に降り立ったNASAの最新鋭火星探査車です。火星の表面に現在も液体の水(塩水)が流れている証拠や、かつての火星が生命を育むことができる環境であったことを示す証拠などを見つけました。

バイキング

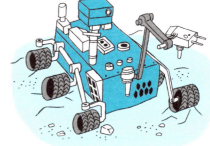
キュリオシティ

火星の大地の下には今も微生物が生きているかもしれないと考える研究者もいるヨ 火星の生命を探そうと今後も世界各国から探査機が送られる予定だポ

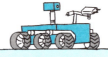

086

フォボス／ダイモス

Phobos/Deimos

火星は衛星を2つ持っています。第1衛星が**フォボス**、第2衛星が**ダイモス**です。地球の衛星である月は丸くてとても大きいですが、火星の2つの衛星はずっと小さく、ジャガイモのようないびつな形をしています。

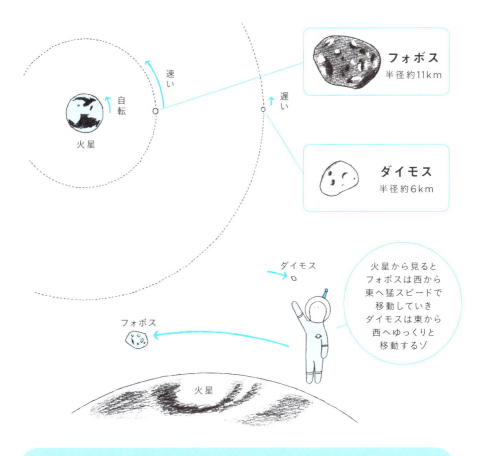

MMX

エムエムエックス, Martian Moons eXploration

MMXは日本（JAXA）がNASAなどと共同で行う火星衛星探査計画です。フォボスとダイモスを観測し、フォボスに数回着陸して砂を採取して地球に帰還する計画です。2024年の打ち上げ、2029年の地球帰還が目指されています。

木星

もくせい、Jupiter

木星は太陽系第5惑星にして、太陽系最大の惑星です。
木星はほとんどがガスでできた星であり、地球よりもむしろ太陽に似ています。木星が80倍ほど重ければ、太陽のように核融合をして恒星になったと考えられています。

赤道半径
約7万1000km
（地球の約11倍）

質量
約 2×10^{24} トン
（地球の約320倍）

平均公転半径
約5天文単位

公転周期
約12年

自転周期
約10時間

木星の縞模様は
アンモニアの氷の粒で
できた雲なんデス
粒の大きさや雲の厚さの
違いで色の違いが
生じてるんデス

木星は巨大だけど
質量の90％は
水素でできているので
密度は地球の
約4分の1しかない
のデス

木星は高速で自転
しているので
赤道方向にかなり
つぶれた楕円体に
なってるヨ！

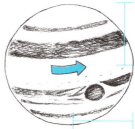

極半径
約6万7000km

赤道半径
約7万1000km

088

木星にも環がある？

土星は美しい環（リング）を持つことで有名ですが、木星や天王星、海王星にも環があります。しかし土星ほど巨大ではなく、地球からは大望遠鏡でしか観察できません。

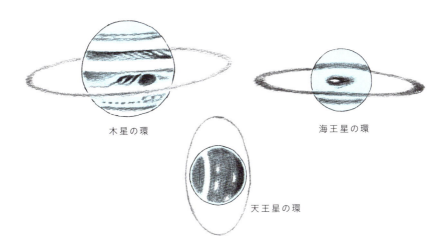

木星の環　　　海王星の環　　　天王星の環

大赤斑

だいせきはん、Great red spot

木星の南半球に見える特徴的な赤い渦模様は**大赤斑**と呼ばれます。地球2〜3個分の大きさがあり、巨大な台風のようなもの（ただし地球の台風は低気圧性の渦ですが、木星の大赤斑は高気圧性の渦です）と考えられています。

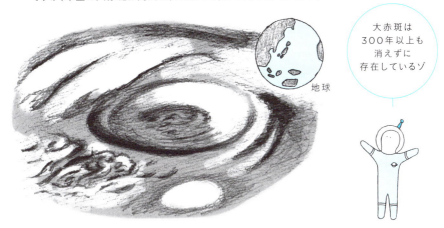

地球

大赤斑は300年以上も消えずに存在しているゾ

第3章　太陽系の仲間たち　089

ガリレオ衛星
ガリレオえいせい、Galilean moons

木星には現在(2017年10月時点)、69個の衛星が見つかっています。
このうち、ガリレオ(116ページ)が発見した4つの衛星は群を抜いて大きく、ガリレオ衛星と呼ばれています。

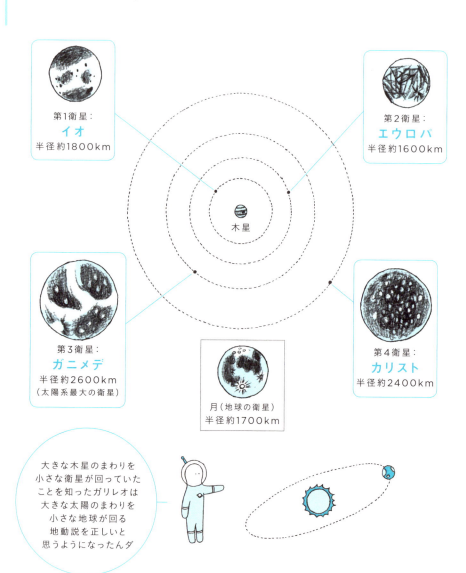

第1衛星:
イオ
半径約1800km

第2衛星:
エウロパ
半径約1600km

木星

第3衛星:
ガニメデ
半径約2600km
(太陽系最大の衛星)

月(地球の衛星)
半径約1700km

第4衛星:
カリスト
半径約2400km

大きな木星のまわりを小さな衛星が回っていたことを知ったガリレオは大きな太陽のまわりを小さな地球が回る地動説を正しいと思うようになったんダ

ガリレオ衛星には「海」を持つものがある?

衛星エウロパは、表面が分厚い氷でおおわれた氷衛星です。しかし氷の下に液体の海(地下海または内部海といいます)があると予想されています。巨大な木星から受ける強い潮汐力(49ページ)のためにエウロパは激しく揺り動かされて、それが熱となって氷を溶かし、海になっていると考えられています。

> 海があるなら生命がすんでいるかもしれナイ…

エウロパの地下海の想像図

> ガニメデやカリストにも地下海があると予想されているペポ

エウロパ・クリッパー
Europa Clipper

エウロパ・クリッパーはNASAが2020年代に打ち上げを目指しているエウロパ探査機です。エウロパにフライバイ(接近しての探査)を行って、氷の表面を高解像度で撮影したり、エウロパの内部構造などを調べたりすることが計画されています。

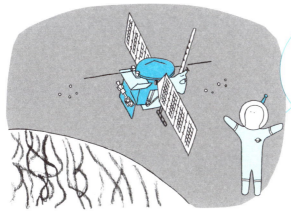

> ヨーロッパも木星の氷衛星に探査機を送る「JUICE」計画を立ててマス!

第3章 太陽系の仲間たち

土星

どせい、Saturn

美しい環を持つ<u>土星</u>は、太陽系の中で木星に次いで大きな惑星です。土星も木星と同じく、ほとんどがガスでできた星です。表面の縞模様は木星より淡く、あまり目立ちません。

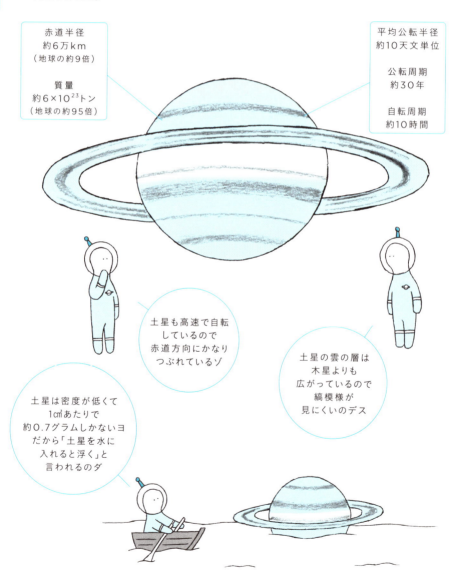

赤道半径
約6万km
(地球の約9倍)

質量
約6×10^{23}トン
(地球の約95倍)

平均公転半径
約10天文単位

公転周期
約30年

自転周期
約10時間

土星も高速で自転しているので赤道方向にかなりつぶれているゾ

土星の雲の層は木星よりも広がっているので縞模様が見にくいのデス

土星は密度が低くて1cm³あたりで約0.7グラムしかないヨ だから「土星を水に入れると浮く」と言われるのダ

環

わ、Ring

土星の環は、半径が約14万kmもありますが、厚みはわずか数百mほどしかありません。環は1枚の板ではなく、大小の氷のかけら（岩石も多少混じっています）が集まってできています。

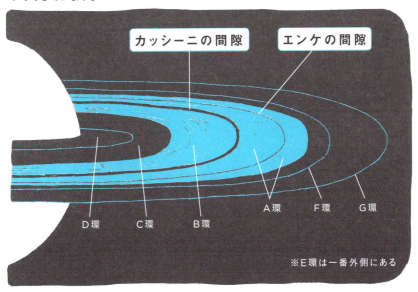

※E環は一番外側にある

土星の環が消えてしまう？

土星の環の厚みは数百mしかないので、水平な方向からは環はほとんど見えません。地球から見た土星の傾きは、土星の公転周期と同じ約30年周期で変化します。そのあいだに2回、つまり約15年ごとに環の「消失」が発生します。

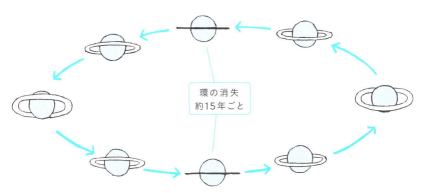

エンケラドス

Enceladus

エンケラドス（エンセラダスとも）は土星の第2衛星です。半径250kmほどの小さな氷衛星ですが、凍った表面の下には地下海が広がり、さらには有機物の存在も確認されたため、生命を宿す可能性がある星として俄然注目を集めています。

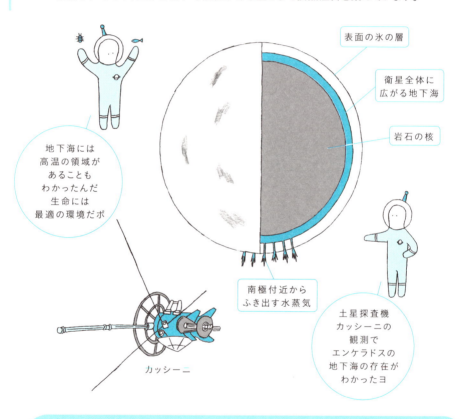

カッシーニ

Cassini-Huygens

カッシーニはNASAとESAが開発し、1997年に打ち上げられた土星探査機です。2004年に土星軌道に投入され、土星やエンケラドスなどを探査しました。タイタンには小型着陸機ホイヘンスを投下して、地表の様子などを調べました。2017年9月に土星の大気に突入してその使命を終えました。

タイタン
Titan

土星は60個以上の衛星を持っていますが、最大の衛星は第6衛星の**タイタン**です。タイタンは窒素やメタンを主成分とした濃い大気を持ちます。そして液体メタンの雨が降り、地表には液体メタンの川や湖があります。

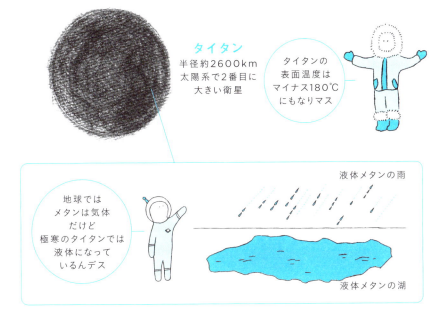

タイタンには異質な生命がいる？

生命には液体の水が欠かせないとされています。タイタンでは水は凍ってしまいますが、液体メタンが水の役割を果たせば、液体メタンを主成分とした、未知の異質な生命が存在できるかもしれないと考える研究者もいます。

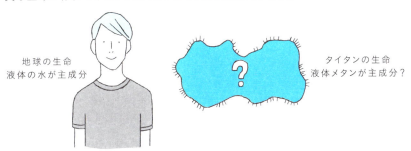

第3章 太陽系の仲間たち　095

天王星

てんのうせい、Uranus

水星から土星までの惑星は、古くから肉眼で存在が知られていました。これに対して、土星の外側を回る天王星は、望遠鏡によって発見された惑星です。
天王星や海王星は青く見えますが、これは水素やヘリウムでできた大気中に少量含まれるメタンの色が見えているためです。

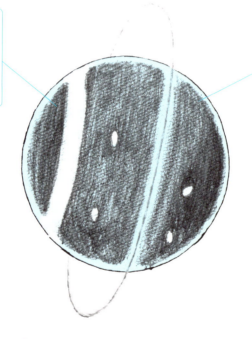

赤道半径
約2万6000km
（地球の約4倍）

質量
約9×10^{22}トン
（地球の約15倍）

平均公転半径
約19天文単位

公転周期
約84年

自転周期
約17時間

天王星は横倒しで自転している？

天王星の自転軸は公転面に対してほぼ垂直になっていて、横倒しの状態で自転しています。これは、天王星が誕生したころに、他の天体と衝突したためだと考えられています。

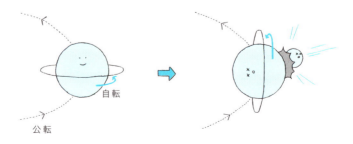

海王星

かいおうせい、Neptune

天王星の外側を回る海王星は、人間が計算によって見つけ出した惑星です。天王星の動きが計算と合わないことから、天王星に重力を及ぼす未知の惑星の存在が予想され、その予想位置に新惑星・海王星が見つかったのです。

天王星と海王星は、大きさや組成がよく似た双子のような惑星です。

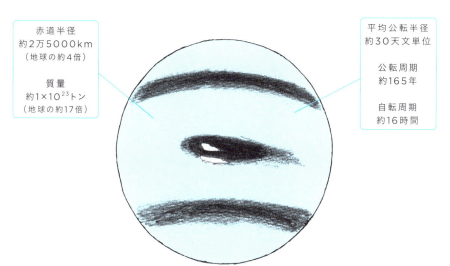

赤道半径
約2万5000km
（地球の約4倍）

質量
約$1×10^{23}$トン
（地球の約17倍）

平均公転半径
約30天文単位

公転周期
約165年

自転周期
約16時間

海王星の衛星トリトンはへそ曲がり？

海王星最大の衛星であるトリトンは、太陽系の大きな衛星の中で唯一、公転方向が惑星の自転方向と逆向きになっている逆行衛星です。

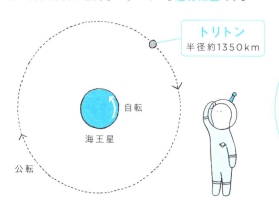

トリトン
半径約1350km

自転

海王星

公転

逆行衛星である
トリトンには潮汐力による
ブレーキが強く働いて
海王星にどんどん
落下していき
数億年後には破壊されて
しまう運命にある

第3章 太陽系の仲間たち

ハレー彗星

ハレーすいせい、Halley's comet

ハレー彗星は約76年ごとに太陽や地球に近づく(回帰する)彗星(28ページ)です。回帰するたびに長い尾を引くことで知られています。前回は1986年に地球に近づき、次にやって来るのは2061年になります。

代表的な彗星の軌道

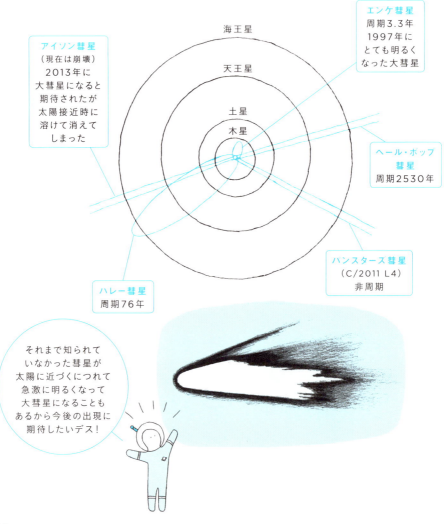

エンケ彗星
周期3.3年
1997年にとても明るくなった大彗星

アイソン彗星
(現在は崩壊)
2013年に大彗星になると期待されたが太陽接近時に溶けて消えてしまった

海王星
天王星
土星
木星

ヘール・ボップ彗星
周期2530年

パンスターズ彗星
(C/2011 L4)
非周期

ハレー彗星
周期76年

それまで知られていなかった彗星が太陽に近づくにつれて急激に明るくなって大彗星になることもあるから今後の出現に期待したいデス!

二度と戻ってこない彗星もある？

彗星には周期的に太陽に近づく周期彗星と、一度太陽に近づいたら二度と戻ってこない非周期彗星があります。周期彗星はさらに、周期が200年以下の短周期彗星と、それより長い長周期彗星とに分けられます（非周期彗星を長周期彗星に含めることもあります）。

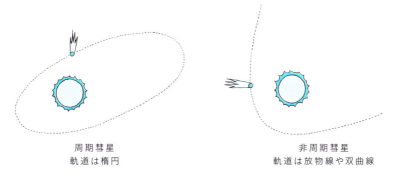

周期彗星
軌道は楕円

非周期彗星
軌道は放物線や双曲線

流星群
りゅうせいぐん。Meteor shower

彗星の軌道と地球の軌道が交差している場合、そこを地球が通ると、彗星がまき散らした大量のちりが地球の大気中に飛びこんできて流星群になります（29ページ）。地球が彗星の軌道を横切る日はだいたい決まっているので、毎年特定の時期に決まった流星群が出現します。

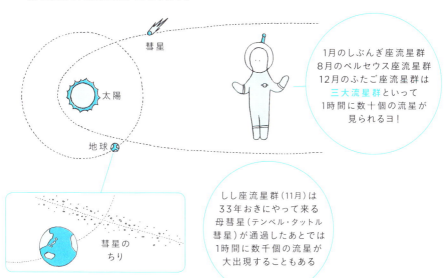

彗星

太陽

地球

彗星の
ちり

1月のしぶんぎ座流星群
8月のペルセウス座流星群
12月のふたご座流星群は
三大流星群といって
1時間に数十個の流星が
見られるヨ！

しし座流星群（11月）は
33年おきにやって来る
母彗星（テンペル・タットル彗星）が通過したあとでは
1時間に数千個の流星が
大出現することもある

第3章 太陽系の仲間たち

小惑星

しょうわくせい、Asteroid

小惑星とは、太陽系の小天体のうち、彗星以外のものを指します。彗星はコマ（薄い大気→28ページ）や尾を持ちますが、小惑星はそれらを持っていません。
小惑星のほとんどは、直径（や長径）が10kmにも満たない小さな天体です。

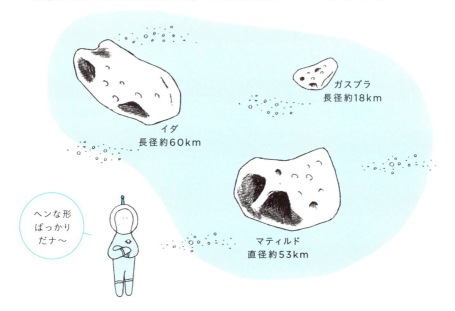

小惑星はどうやってできた？

太陽系の惑星が誕生したときには、最初に小さな微惑星がたくさん作られて、微惑星同士が衝突・合体して大きな惑星になりました。一方、衝突のスピードが速すぎて合体できず、逆にこわれてしまったものが小惑星だと考えられています。

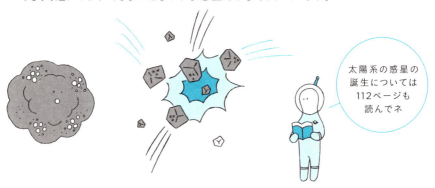

小惑星帯

しょうわくせいたい、Asteroid belt

火星軌道と木星軌道の間の、太陽から2〜3.5天文単位の間に、数百万個以上の小惑星が存在する領域があります。これを小惑星帯といいます。このほかにも、木星とほぼ同じ軌道を回るトロヤ群小惑星などがあります。

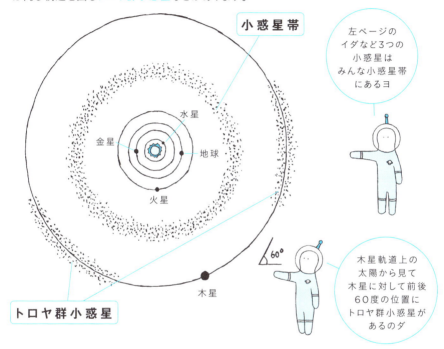

左ページのイダなど3つの小惑星はみんな小惑星帯にあるヨ

木星軌道上の太陽から見て木星に対して前後60度の位置にトロヤ群小惑星があるのダ

小惑星が「太陽系の化石」ってどういうこと？

太陽系の惑星や月は、形成時の衝突などによって、全体が一度溶けてしまいました。一方、小惑星は熱で完全に溶けたことはない（ものもある）とされています。小惑星は太陽系ができた時の状態を保存している「太陽系の化石」なのです。

第3章 太陽系の仲間たち

ケレス

Ceres

ケレスは、小惑星として最初に発見された天体です。1801年の発見当初は新惑星だと見なされましたが、直径は約950km(水星の約5分の1)しかなく、またケレスの近くの軌道に小天体が続々と見つかったので、これらをまとめて小惑星と呼ぶようになりました。
(※現在では、ケレスは準惑星に分類されています→107ページ)

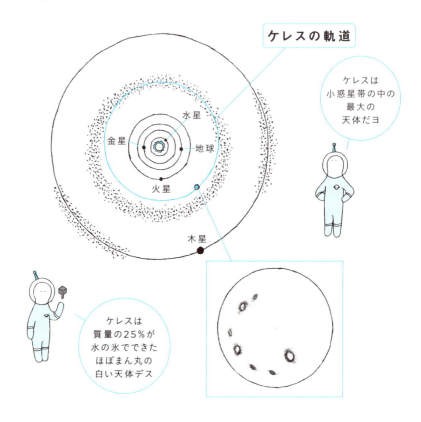

ドーン

Dawn

ドーンは、NASAが2007年に打ち上げた探査機です。2011年に小惑星ベスタを訪れた後、2015年にケレスの周回軌道に入り、ケレスをくわしく観測しました。

はやぶさ／はやぶさ2
MUSES-C／Hayabusa2

はやぶさとはやぶさ2は日本の宇宙科学研究所（292ページ）が打ち上げた小惑星探査機です。はやぶさは小惑星イトカワを訪れ、表面の試料を採取して2010年に地球に帰還しました。2014年に打ち上げられた後継機のはやぶさ2は、小惑星リュウグウに2018年6〜7月に到着し、2020年に帰還予定です。

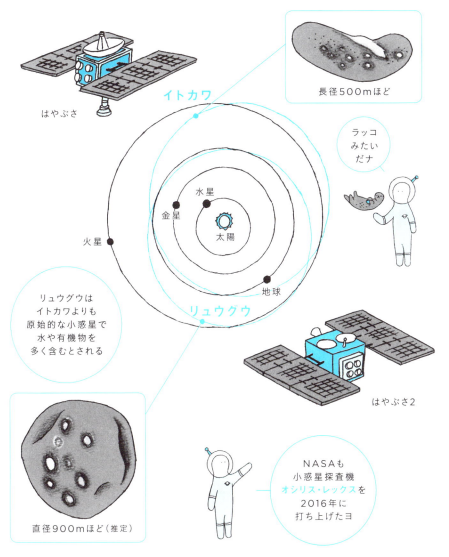

はやぶさ

長径500mほど

ラッコみたいだナ

リュウグウはイトカワよりも原始的な小惑星で水や有機物を多く含むとされる

はやぶさ2

直径900mほど（推定）

NASAも小惑星探査機オシリス・レックスを2016年に打ち上げたヨ

第3章 太陽系の仲間たち 103

隕石
いんせき、Meteorite

流星（29ページ）の多くは大気中で燃えつきますが、小惑星のかけらなどが大気圏に突入した場合は、燃えつきずに地上に落下することがあり、これを隕石といいます。重さは数グラムから数十トンまでさまざまです。

日本に落ちた最大の隕石
気仙隕石
（縦75cm、横45cm、重さ135kg）

小惑星のかけらである隕石も太陽系の初期の姿をとどめている太陽系の化石

南極は隕石の宝庫？

南極では大量の隕石が見つかっています（南極隕石とよばれます）。南極では白い雪や氷の上で黒い隕石が目立つこと、そして南極に落ちた隕石は山脈の近くに運ばれて集まる性質があることから、大量に発見できるのです。

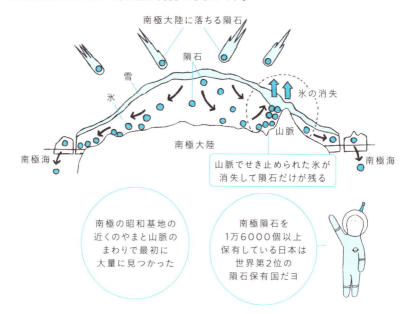

南極大陸に落ちる隕石
隕石
雪
氷
氷の消失
山脈
南極大陸
南極海
南極海

山脈でせき止められた氷が消失して隕石だけが残る

南極の昭和基地の近くのやまと山脈のまわりで最初に大量に見つかった

南極隕石を1万6000個以上保有している日本は世界第2位の隕石保有国だヨ

地球近傍天体

ちきゅうきんぼうてんたい、Near Earth Object

地球近傍天体（NEO）とは、地球に接近する軌道を持つ小天体（小惑星や彗星など）です。現在、1万6000個以上のNEOが発見されていますが、この中に近い将来、地球に衝突する軌道を持つものはないことが確認されています。

恐竜を絶滅させたのは直径10kmもある小惑星の衝突だったと言われてマス

大きなNEOはほとんど発見ずみでどれも衝突の恐れはないから安心してネ

ツングースカ大爆発

ツングースカだいばくはつ、Tunguska explosion

1908年、ロシア・シベリアの山中に推定で直径50mのNEOが落下して上空で爆発（**ツングースカ大爆発**）を起こし、東京都の面積ほどの森林がなぎ倒されましたが、僻地だったために人的被害はありませんでした。ロシアでは2013年に**チェリャビンスク隕石**（直径17m）の落下による被害も起きています。

直径数十mのNEOはまだ数％しか見つけられていないから対策が必要デス

第3章 太陽系の仲間たち　105

冥王星

めいおうせい、Pluto

冥王星はかつて、太陽系の最果ての惑星（第9惑星）とされていました。しかしサイズが非常に小さいなど異質な点が多く、また、似たようなサイズの小天体が数多く見つかるようになったため、2006年に準惑星に「格下げ」されました。

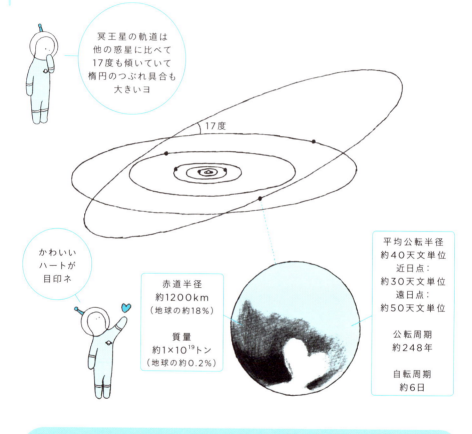

冥王星の軌道は他の惑星に比べて17度も傾いていて楕円のつぶれ具合も大きいヨ

17度

かわいいハートが目印ネ

赤道半径 約1200km（地球の約18%）

質量 約$1×10^{19}$トン（地球の約0.2%）

平均公転半径 約40天文単位
近日点：約30天文単位
遠日点：約50天文単位

公転周期 約248年

自転周期 約6日

ニュー・ホライズンズ

New Horizons

ニュー・ホライズンズはNASAが2006年に打ち上げた無人探査機です。2015年に冥王星に接近し、表面の様子などを撮影しました。現在は別の太陽系外縁天体（108ページ）に向けて飛行を続けています。

準惑星

じゅんわくせい、Dwarf planet

2006年の国際天文学連合の総会で、太陽系の惑星は、①太陽の周囲を公転している、②球形をしている（十分に大きいことを意味する）、③軌道の近くに他の天体が存在しない、と定義されました。冥王星は③の条件を満たさないので、新たに作られたカテゴリーである準惑星（①と②だけを満たす）に降格されました。

準惑星の軌道

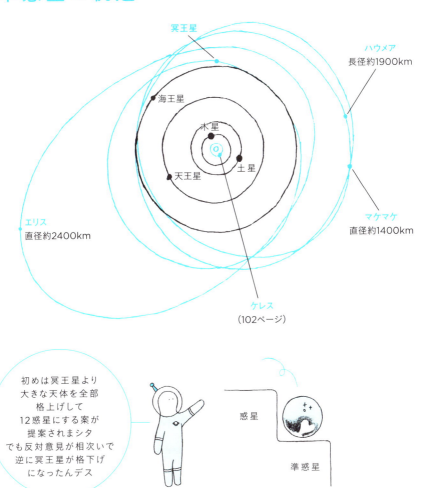

初めは冥王星より大きな天体を全部格上げして12惑星にする案が提案されまシタ　でも反対意見が相次いで逆に冥王星が格下げになったんデス

第3章　太陽系の仲間たち　107

エッジワース・カイパーベルト
Edgeworth-Kuiper belt

1950年代、アイルランドの天文学者エッジワースとアメリカの天文学者カイパーは、太陽系の周辺部には小天体が円盤(ドーナツ)状に数多く分布していて、ここから彗星が生まれると予想しました。この円盤状の領域を**エッジワース・カイパーベルト**(あるいは**カイパーベルト**)と呼びます。

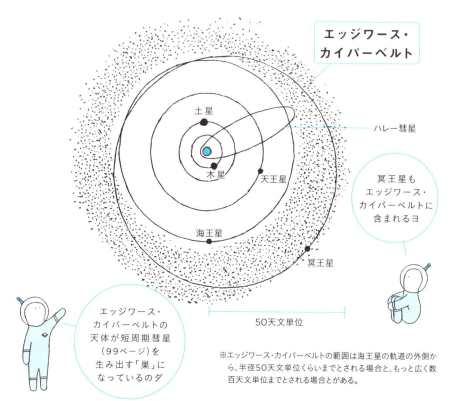

太陽系外縁天体
たいようけいがいえんてんたい、Trans-Neptunian objects

1990年代以降、海王星の軌道以遠に多数の小天体が見つかるようになり、エッジワース・カイパーベルトの存在が確認されました。現在ではこの領域にある天体を**太陽系外縁天体**と呼んでいます。

オールトの雲

オールトのくも、Oort cloud

オールトの雲は、太陽系を球状に取り巻いているとされる仮想的な天体群です。オランダの天文学者オールトが、長周期彗星や非周期彗星（99ページ）の故郷として、1950年に提唱しました。

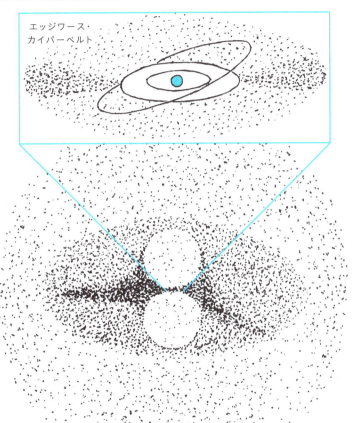

10万天文単位

オールトの雲の天体は暗すぎるのでまだ観測できてないのデス

第3章 太陽系の仲間たち 109

太陽系第9惑星

たいようけいだい9わくせい、Planet nine

海王星よりもさらに遠方を公転している惑星サイズの天体の存在は、多くの天文学者が予想し、探し求めてきました。2016年には、アメリカの天文学者たちがコンピュータシミュレーションによって太陽系第9惑星（プラネット・ナイン）の軌道を具体的に示して、話題になりました。

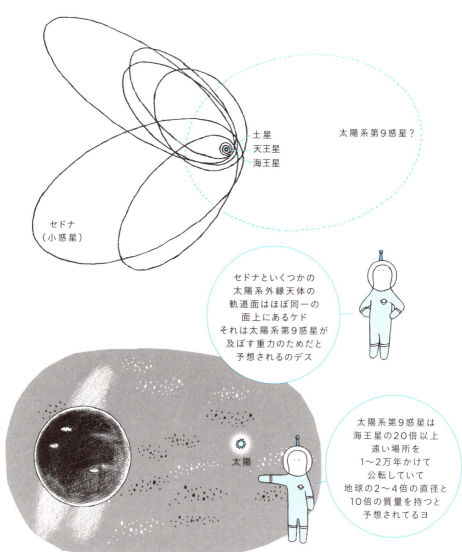

太陽圏

たいようけん、Heliosphere

太陽圏(ヘリオスフィア)とは、太陽風(41ページ)が届く範囲のことです。太陽風は天の川銀河内の星間物質(140ページ)とぶつかって止まり、境界面(ヘリオポーズといいます)を作っています。

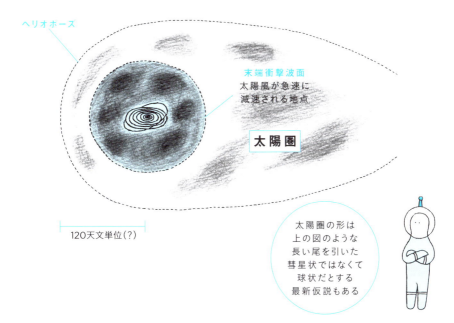

ボイジャー1号

ボイジャー1ごう、Voyager 1

ボイジャー1号はNASAが1977年に打ち上げた無人探査機です。木星と土星に接近して観測したあと、宇宙の航海を続けています。2012年8月にはヘリオポーズに到達・通過し、太陽圏を出た初の人工物となりました。

 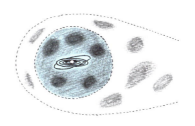

原始太陽系円盤

げんしたいようけいえんばん、Protosolar disk

原始太陽系円盤とは、太陽系の惑星の材料になった、濃いガスとちりからなる円盤です。原始太陽系円盤の中で多数の**微惑星**が生まれ、互いに衝突・合体を繰り返しながら原始惑星へと成長し、ついに現在の太陽系の各惑星が生まれました。

60ページで太陽の誕生を説明しましたネ　今度は惑星の誕生の話デス

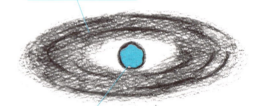

原始太陽系円盤／Tタウリ型星

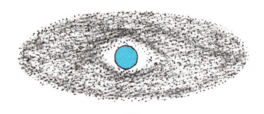

円盤内の固体のちりから直径数kmの微惑星が無数に作られる

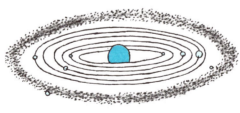

微惑星同士が衝突・合体して原始惑星ができる　さらに合体して各惑星ができる

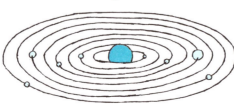

円盤内のガスが完全に消失して太陽系が完成する

岩石惑星、巨大ガス惑星、巨大氷惑星の違いはなぜできた？

円盤内にできた微惑星のうち、太陽に近い場所では、氷が蒸発しているので岩石や金属でできた小さな微惑星ができました。一方、太陽から遠い場所では、岩石や金属に大量の氷を含む大きな微惑星ができました。その違いが、最終的に惑星の違いを生んだのです。

第3章 太陽系の仲間たち

グランドタック理論

グランドタックりろん、Grand tack theory

グランドタック理論は、太陽系の形成に関する新しい仮説です。太陽系の形成初期に木星や土星がいったん太陽に近づき、その後方向転換して外側に移動していったと考えます（グランドタックとは大転換＝方向転換のこと）。この仮説では、火星が小さな岩石惑星になったことをうまく説明できるとされています。

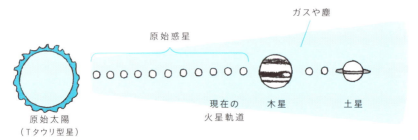

従来の理論では現在の火星軌道付近に原始惑星がたくさんあったとされているので
原始惑星同士が衝突・合体して火星は地球サイズの大きな惑星になってしまうはず

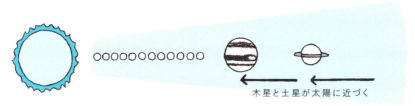

グランドタック理論では木星と土星が原始太陽系円盤内のガスの抵抗を受けて
（正確には角運動量が減少して）軌道がだんだん太陽に近づいたと考える
そのために多くの原始惑星はより内側ないしは外側へ押しやられてしまう

原始太陽系円盤内のガスが失われると木星と土星がふたたび外側へ移動していく
そのために現在の火星軌道付近には原始惑星がほとんど残らなくなる
こうして火星が小さな岩石惑星にしかなれなかったことが説明できる

太陽系が生まれた「現場」を見ることができる？

アルマ望遠鏡（296ページ）の活躍などによって、生まれたての恒星のまわりで惑星が作られている現場を観測できるようになっています。こうした観測や理論的研究が進めば、グランドタック理論が正しいのかどうかなど、太陽系の惑星の形成についても理解が進むと期待されています。

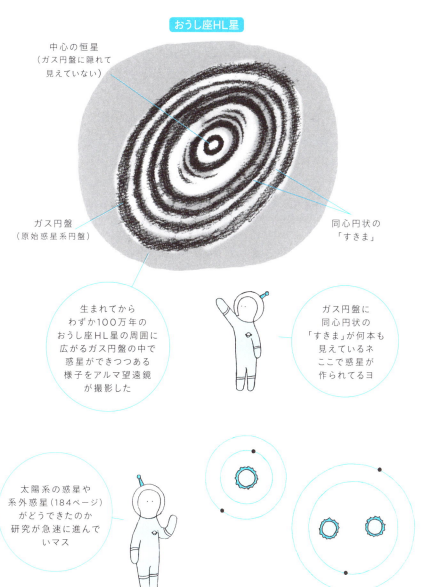

おうし座HL星

- 中心の恒星（ガス円盤に隠れて見えていない）
- ガス円盤（原始惑星系円盤）
- 同心円状の「すきま」

生まれてからわずか100万年のおうし座HL星の周囲に広がるガス円盤の中で惑星ができつつある様子をアルマ望遠鏡が撮影した

ガス円盤に同心円状の「すきま」が何本も見えているネ　ここで惑星が作られてるヨ

太陽系の惑星や系外惑星（184ページ）がどうできたのか研究が急速に進んでいマス

第3章　太陽系の仲間たち　115

宇宙にまつわる哲学者＆科学者

05

ケプラー

1571 - 1630

数学の才能があったドイツの天文学者ケプラーは
天体観測の大家だったデンマークの天文学者ブラーエの
弟子でした
ブラーエの死後に膨大な観測データを元にして
ケプラーは惑星の運動について考え続けました
そして惑星の軌道は古来信じられていた真円ではなく
楕円であることを見抜いて
ケプラーの法則(76ページ)を導きました

06

ガリレオ

1564（ユリウス暦） - 1642（グレゴリオ暦）

イタリアの天文学者ガリレオは発明されたばかりの
望遠鏡を自作して宇宙に向けて
月がクレーター(47ページ)だらけであることや
天の川が暗い星の集まりであることを発見しました
また木星の周囲にガリレオ衛星(90ページ)を発見して
すべての天体は地球のまわりを回っているとしていた
天動説の誤りに気づき
地動説を信じるようになりました

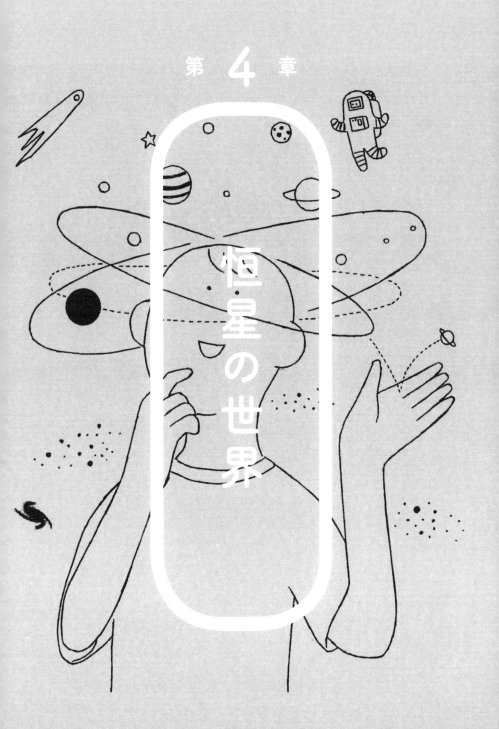

光年

こうねん、Light-year

光年は、光が真空中を1年間に進む距離のことで、約9兆4600億km（正確には9兆4607億3047万2580.8 km）です。天文単位では間に合わない、星と星とのあいだの距離などを示すときなどに使う単位です。

1光年ってどのくらい遠い？

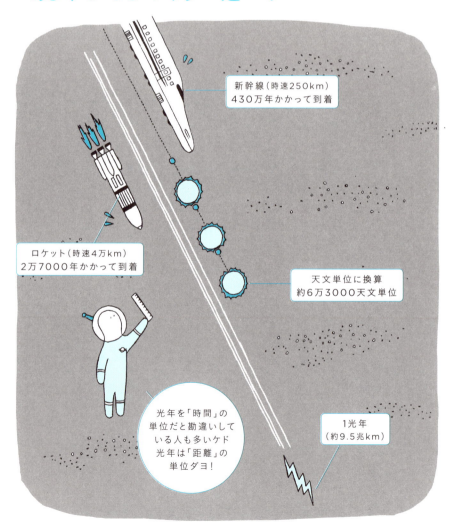

太陽系の近くにあるよその星まで何光年？

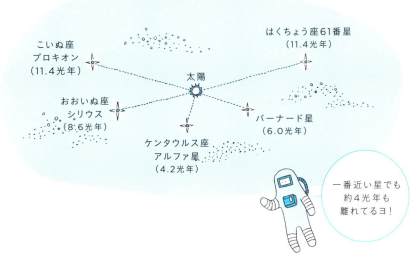

さまざまな天体までの距離

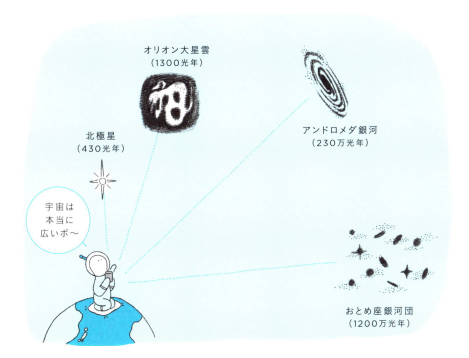

ケンタウルス座アルファ星

ケンタウルスざアルファせい、Alpha Centauri

ケンタウルス座アルファ星は、太陽系にもっとも近い恒星です。この星は、じつは3つの星からなる連星系(176ページ)になっています。3つの星の中でもっと太陽系に近いプロキシマ・ケンタウリまでの距離は、約4.2光年です。

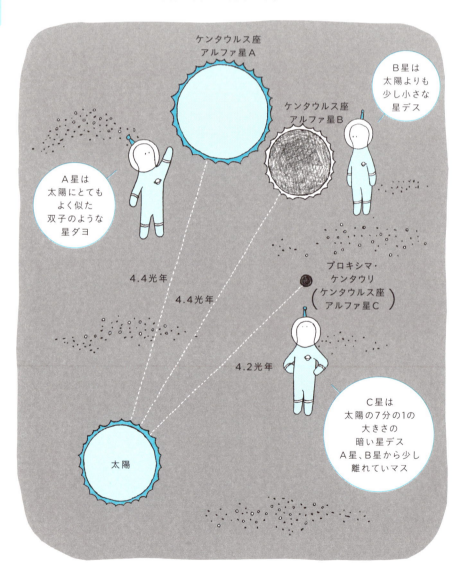

プロキシマ・ケンタウリには海を持つ惑星がある?

ブレークスルー・スターショット
Breakthrough Starshot

ケンタウルス座アルファ星へ切手サイズの超高速ミニ探査機を送ろうという野心的なプロジェクトが **ブレークスルー・スターショット** です。ミニ探査機に地球からレーザー光を照射して、光の5分の1の速さまで加速させて、たった20年で約4光年先のケンタウルス座アルファ星まで届けようというアイデアです。

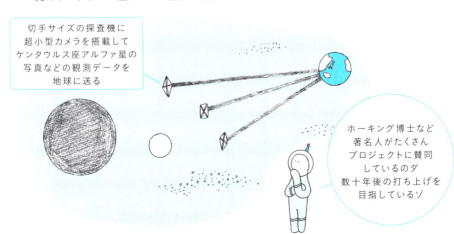

第4章 恒星の世界

1等星

1とうせい、First magnitude star

恒星の明るさは等級という単位で表します。約2200年前、古代ギリシャのヒッパルコスが、とても明るい星を1等星、肉眼で何とか見える暗い星を6等星と決めて、星の明るさを6段階に分類したのが等級の始まりです。

0等星やマイナス1等星もある？

現在では等級は厳密に規定され、1等は6等のちょうど100倍の明るさを持つことになっています。また、0等やマイナス1等、あるいは7等や8等などと、1〜6等の両側にも拡張され、小数点も使うようになりました。

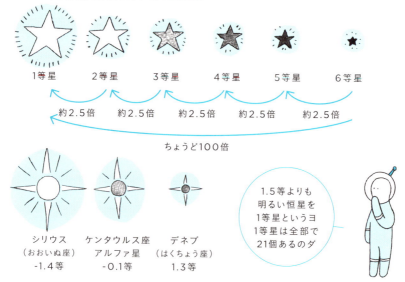

太陽は何等星？

太陽は1等星に含めませんが、太陽の明るさはマイナス26.7等になります。

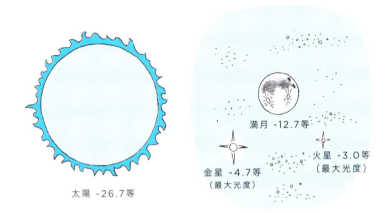

絶対等級

せったいとうきゅう, Absolute magnitude

私たちが観測している星の等級は、地球から見たときの「見かけの明るさ」です。星の本来の明るさが同じでも、近くにあれば明るく見え、遠くにあれば暗く見えます。そこで、星を地球から32.6光年(10パーセク→171ページ)の距離に置いたものと仮定したときの明るさを 絶対等級 と呼び、星の本来の明るさを表す指標としています。

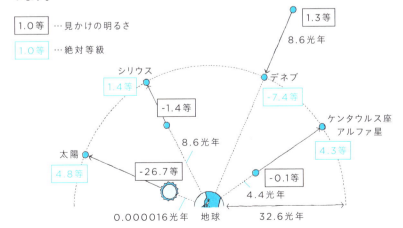

第4章 恒星の世界

固有名

こゆうめい、Unique name

恒星の名前にはさまざまな種類があります。比較的明るい恒星には、ギリシャ神話やアラビア語などに由来する固有名が付けられています。

オリオン座の星の固有名

バイエル名

バイエルめい、Bayer designation

バイエル名（バイエル符号とも）は、17世紀にドイツのアマチュア天文家のバイエルが考案した恒星の命名法です。星座ごとに明るい星からアルファ、ベータ、ガンマ……とギリシャ文字の名前が付けられました。それほど明るくなく、固有名を持たない恒星は、バイエル名で呼ばれることが多いです。

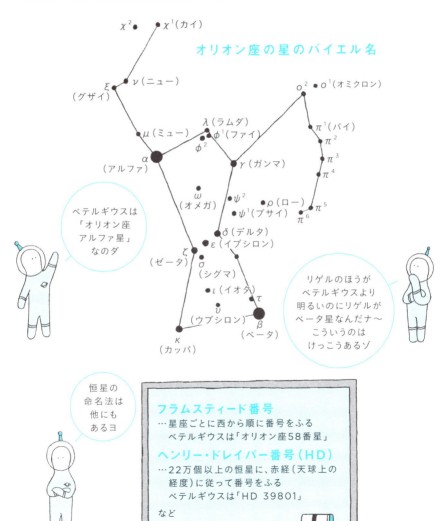

オリオン座の星のバイエル名

ベテルギウスは「オリオン座アルファ星」なのダ

リゲルのほうがベテルギウスより明るいのにリゲルがベータ星なんだナ〜こういうのはけっこうあるゾ

恒星の命名法は他にもあるヨ

フラムスティード番号
…星座ごとに西から順に番号をふる
ベテルギウスは「オリオン座58番星」

ヘンリー・ドレイパー番号（HD）
…22万個以上の恒星に、赤経（天球上の経度）に従って番号をふる
ベテルギウスは「HD 39801」

など

第4章 恒星の世界　125

星の日周運動

ほしのにっしゅううんどう、Diurnal motion

星の日周運動とは、地球の自転のために、すべての星が東から西へ向かって移動することです。日周運動の周期は、地球の自転（53ページ）の周期と同じ23時間56分4秒です。

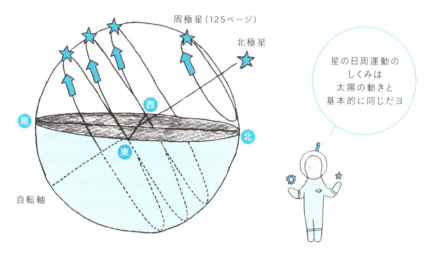

東〜南〜西の空の星の動き

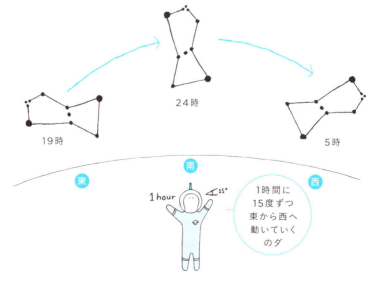

北の空の星の動き

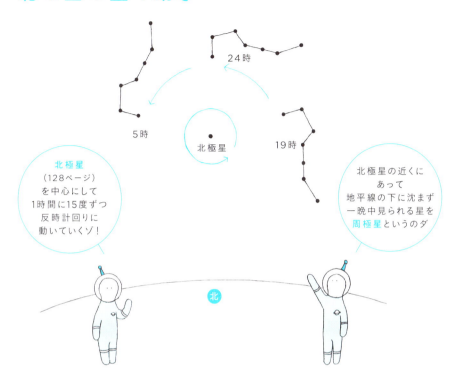

赤道や北極・南極では星はどう動く?

赤道では、星は東の地平線から垂直にのぼり、西の地平線に垂直に沈みます。一方、北極や南極では、星は地平線に対して平行に回ります。

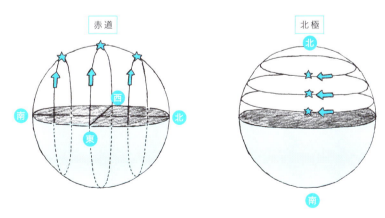

北極星

ほっきょくせい、Pole star/Polaris

北極星（こぐま座アルファ星、固有名ポラリス）は、地球の自転軸を北極側に延長した先、つまり天の北極のすぐそばにあります。地球から見ると一晩中ほとんど動かず、北の空の星々は北極星を中心にして円運動をしているように見えます。

北極星はどうやって見つける？

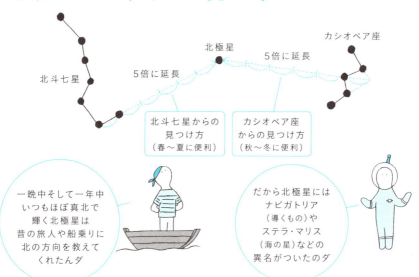

北極星もわずかに動いている？

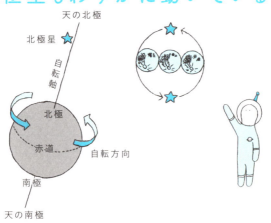

1万2000年後は「織姫星」が北極星になる?

地球の自転軸の向きは、回転しているコマが首を振るように、約2万6000年周期で首振り運動(**歳差運動**)を行っています。自転軸の向きが変われば、天の北極の方向も変わるので、北極星を担う星も移り変わっていきます。

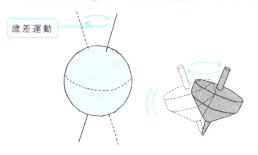

北極星の移り変わり

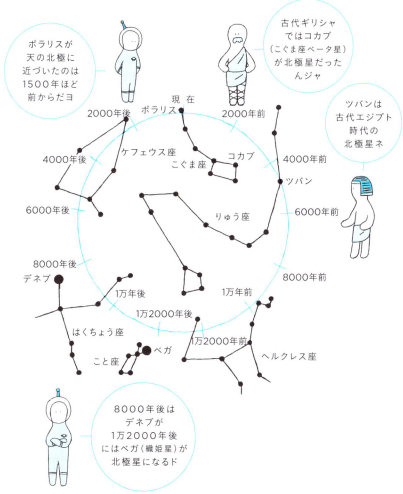

星の年周運動

ほしのねんしゅううんどう、 Annual motion

星の年周運動とは、地球の公転のために、同じ時刻に見る星の位置が毎晩約1度ずつ西に動いていくことです。季節ごとに見える星座が違うのは、星の年周運動のためです。

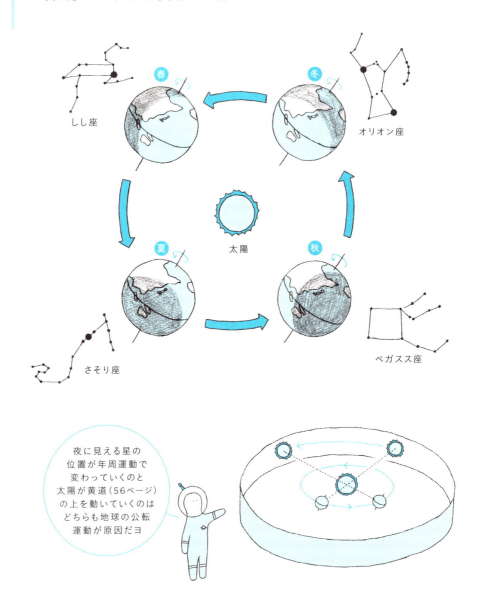

夜に見える星の位置が年周運動で変わっていくのと太陽が黄道（56ページ）の上を動いていくのはどちらも地球の公転運動が原因だヨ

黄道十二星座

こうどう12せいざ、 12 ecliptical constellations

黄道十二星座とは、黄道（56ページ）が通っている12の星座のことです。**星占い**で使われる「○○座生まれ」とは、「生まれた時に、太陽がどの星座の近くにあったか（黄道上のどこにいるか）」を示しています。そのために、その星座が夜空に見えるのはおよそ半年後になるのです。

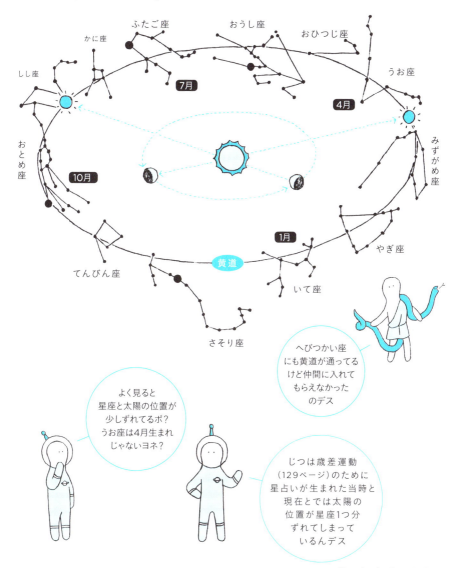

よく見ると星座と太陽の位置が少しずれてるポ？うお座は4月生まれじゃないヨネ？

へびつかい座にも黄道が通ってるけど仲間に入れてもらえなかったのデス

じつは歳差運動（129ページ）のために星占いが生まれた当時と現在とでは太陽の位置が星座1つ分ずれてしまっているんデス

第4章 恒星の世界　131

星座
せいざ、Constellation

今から約4000年前、メソポタミア（現在のイラク）の人たちは、夜空の明るい星の並びを見て、そこに動物や伝説の英雄や神などの姿を思い描きました。それがのちに古代ギリシャに伝わり、ギリシャ神話や伝説と結びつけられたのが、現在の星座のおもなものになっています。

トレミーの48星座ってなに？

1900年ほど前、古代ローマ時代の天文学者プトレマイオス（英語読みはトレミー、→66ページ）は、各地でばらばらだった星座を48にまとめました。これをトレミーの48星座といい、現在の北天の星座になっています。

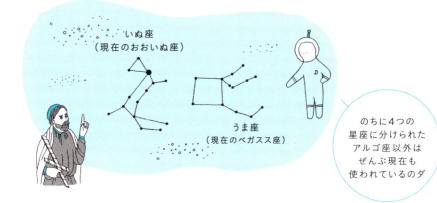

132

南天の星座はどうやって決めた？

今から500年前、いわゆる「大航海時代」にヨーロッパの人々は船で南半球を訪れ、そこで見える南天の星にも星座を描きました。

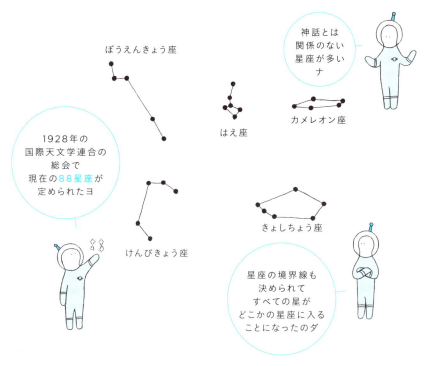

星座を形作る星たちは遠く離れている？

星座を作る星々は、お互いに近くにいるように見えますが、地球からは見かけ上そう見えるだけで、実際には空間的に遠く離れていることも少なくありません。

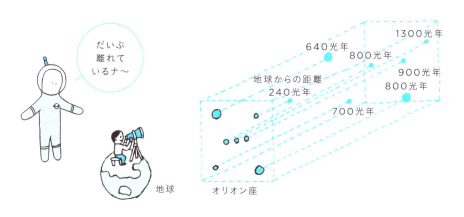

第4章 恒星の世界　133

春の大曲線

はるのだいきょくせん、Spring large curve

春の夜は「ひしゃく」の形をした北斗七星が天の高い場所に見えます。その「柄」の部分にあたる4つの星からカーブを描くように線を伸ばすと、オレンジ色に輝くうしかい座の1等星アークトゥルスが見つかります。さらに伸ばすと、おとめ座の青白い1等星スピカにたどり着きます。これを春の大曲線といいます。

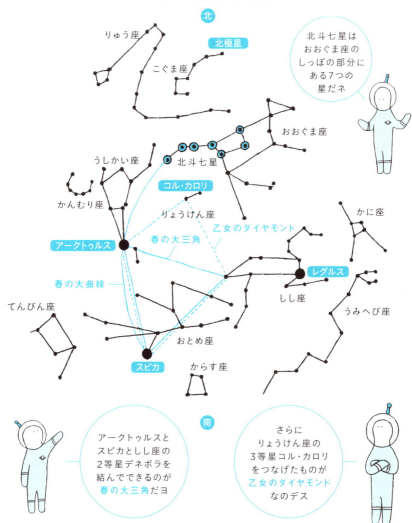

夏の大三角

なつのだいさんかく、Summer triangle

梅雨が明けたころ、夜21時ごろに東の空を見ると、3つの明るい1等星が大きな三角形の形で輝いています。こと座の**ベガ**、わし座の**アルタイル**、はくちょう座の**デネブ**の3つが描く三角形を**夏の大三角**といい、夜空の明るい都市部でも十分に見つけられます。

夏の代表的な星座

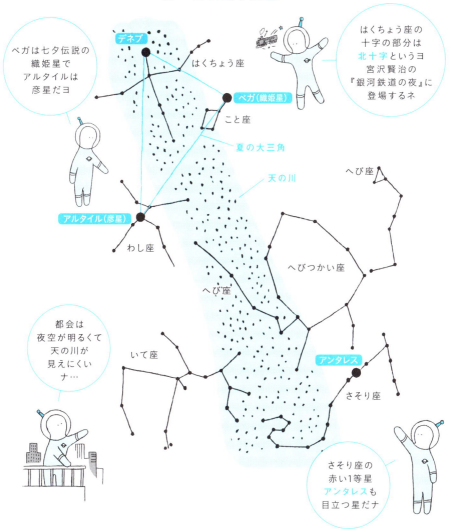

第4章 恒星の世界

秋の大四辺形

あきのだいしへんけい、Great square of Pegasus

秋の夜空は明るい星が少なく、さびしい感じがします。その中で目立つのは、ほぼ真上に輝く4つの明るい星が描く大きな四角形で、**秋の大四辺形**（または**ペガススの大四辺形**）といいます。翼の生えた馬・ペガススの胴体にあたる部分です。

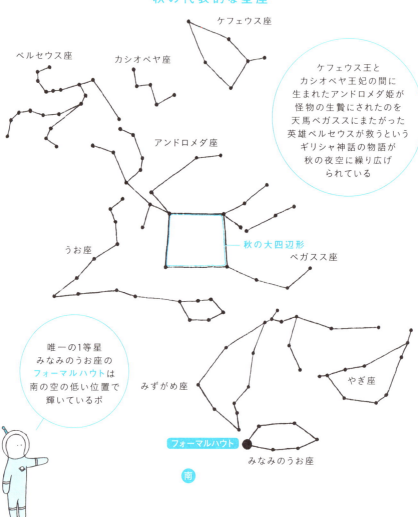

秋の代表的な星座

冬のダイヤモンド

ふゆのダイヤモンド、Winter hexagon

冬の夜空は1年でもっともはなやかです。オリオン座のベテルギウス、おおいぬ座のシリウス、こいぬ座のプロキオンの、3つの1等星を結ぶ正三角形が冬の大三角です。さらに、6つの1等星を結ぶ豪華な冬のダイヤモンド（冬の大六角形）もきらめいています。

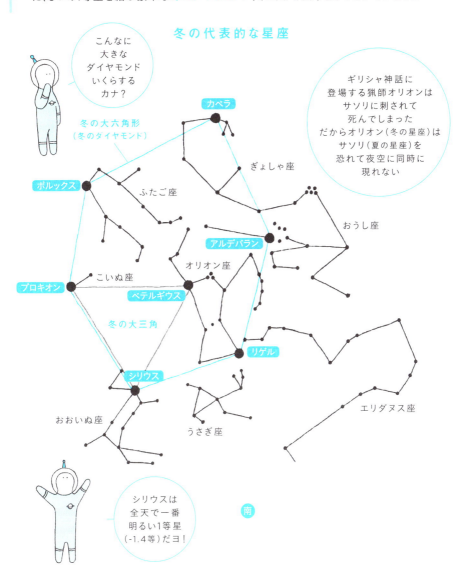

冬の代表的な星座

第4章 恒星の世界

南十字星

みなみじゅうじせい、Southern cross

南天の星座（南半球から見える星座）は、日本からは一部または全部が見えないものもあります。有名な**南十字星**（みなみじゅうじ座）や、太陽系にもっとも近い恒星である**ケンタウルス座アルファ星**は、沖縄など南の地域からは見ることができます。

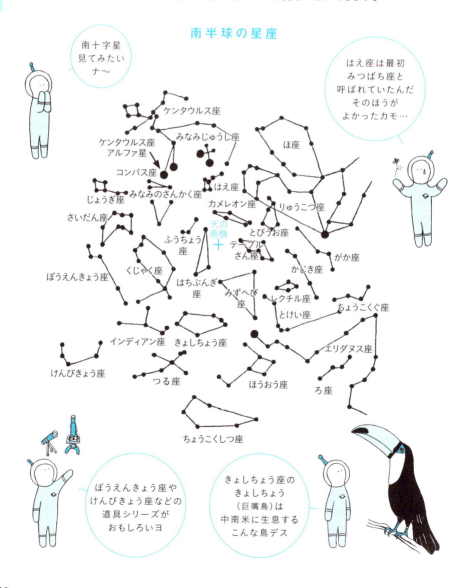

星宿

せいしゅく

星宿とは古代中国で考えられた星座のことです。皇帝の星・帝星（北極星）を中心にして、そこから遠ざかるほど身分の低い星座が配置されました。

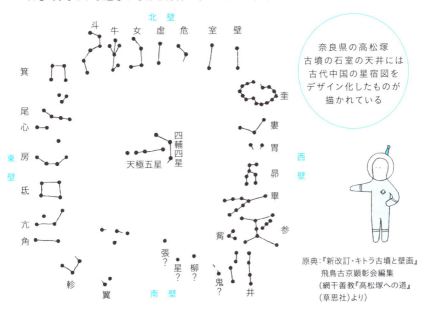

奈良県の高松塚古墳の石室の天井には古代中国の星宿図をデザイン化したものが描かれている

原典：『新改訂・キトラ古墳と壁画』飛鳥古京顕彰会編集
（網干善教『高松塚への道』（草思社）より）

インカの星座

インカのせいざ　Dark constellations of the Incas

古代インカのひとびとは、無数の星が輝く夜空を見上げて、星を結んだ星座ではなく、星の見えない暗い領域にアンデスの動物の姿を描いて星座を作りました。

暗い領域の正体は暗黒星雲（142ページ）なんだナ

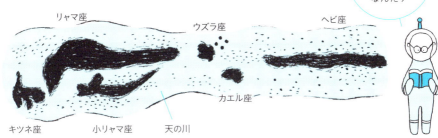

星間物質

せいかんぶっしつ、Interstellar medium

よく「宇宙空間は真空である」と言われます。ですが実際には、宇宙空間は完全な真空ではなく、ガス（水素など）やちり（炭素やケイ素など）といった物質がごくわずかに存在しています。これらを星間物質といいます。

星間雲

せいかんうん、Interstellar cloud

星間物質が周囲よりも濃く集まり、雲のようにまとまっているものを星間雲といいます。星間雲が周囲の星からの光を反射したり、背後の星からの光を隠したりするなどして、私たちに観測されると星雲（26ページ）と呼ばれます。

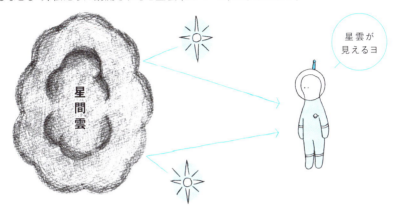

メシエ天体

メシエてんたい、Messier object

メシエ天体とは、フランスの天文学者メシエが作成した星雲・星団・銀河の一覧であるメシエカタログに載っている天体です。メシエの頭文字をとって、M1、M2、……などと表記されます。M110まであります（一部欠番あり）。

M42
オリオン大星雲

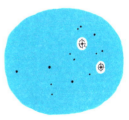

M45
プレアデス星団

第4章 恒星の世界 141

暗黒星雲

あんこくせいうん、Dark nebula

星雲には形や色などによっていくつかの種類に分けられます。暗黒星雲は、星間雲が背後の星の光をさえぎることで、黒く見える星雲です。

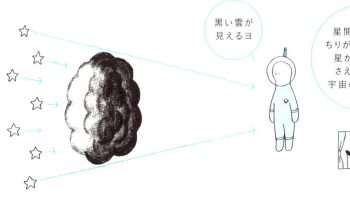

馬頭星雲

ばとうせいうん、Horsehead Nebula

馬頭星雲は、オリオン座にある有名な暗黒星雲です。文字通り、馬の頭部のような形をしています。

142

石炭袋

せきたんぶくろ、Coalsack

石炭袋(コールサック)とは、南十字星(みなみじゅうじ座)の近くにある有名な暗黒星雲です。天の川からの光をさえぎって黒い穴のように見えています。

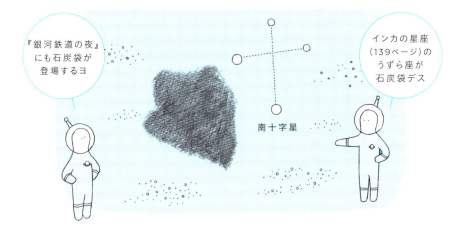

創造の柱

そうぞうのはしら、Pillars of Creation

創造の柱とは、へび座の方向にあるわし星雲(M16)の中心部にある暗黒星雲です。ハッブル宇宙望遠鏡(297ページ)がその壮麗な姿を撮影して話題になりました。

第4章 恒星の世界　143

輝線星雲

きせんせいうん、Emission nebula

輝線星雲は、みずから輝く星雲です。内部にある星の光や、超新星（22ページ）の爆風によって星間雲が高温になり、電離する（原子が原子核と電子に分かれる）と光を放ち、輝線星雲として観測されます。

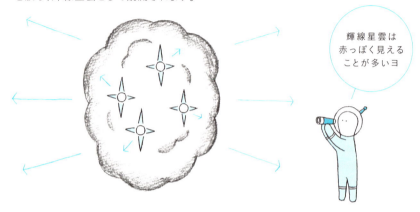

輝線星雲は赤っぽく見えることが多いヨ

反射星雲

はんしゃせいうん、Reflection nebula

反射星雲は、周囲の星からの光を反射して光る星雲です。星間雲内のちりが光を反射するために、光って見えます。

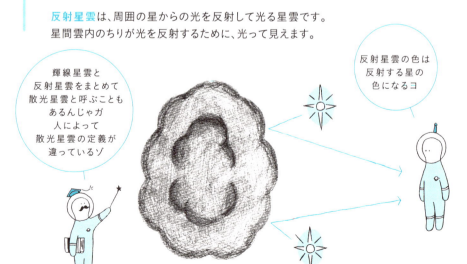

輝線星雲と反射星雲をまとめて散光星雲と呼ぶこともあるんじゃガ人によって散光星雲の定義が違っているゾ

反射星雲の色は反射する星の色になるヨ

オリオン大星雲

オリオンだいせいうん、 Orion Nebula

オリオン大星雲（M42）は、オリオン座の中央の三つ星の近くにある大きな輝線星雲です。肉眼でも十分見えるほど、明るくて大きな星雲です。

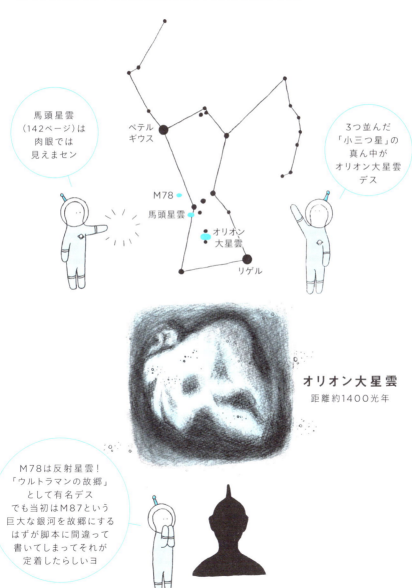

馬頭星雲（142ページ）は肉眼では見えまセン

3つ並んだ「小三つ星」の真ん中がオリオン大星雲デス

オリオン大星雲
距離約1400光年

M78は反射星雲！「ウルトラマンの故郷」として有名デス でも当初はM87という巨大な銀河を故郷にするはずが脚本に間違って書いてしまってそれが定着したらしいヨ

第4章 恒星の世界　145

分子雲

ぶんしうん、Molecular cloud

分子雲は、おもに水素分子でできている星間雲です。星間雲の密度が非常に高くなると、水素は原子ではなく、原子が2つ結びついた分子の状態で存在できるようになり、分子雲となります。

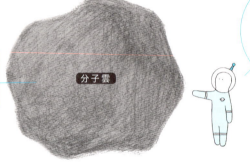

1cm³あたり100〜1000個程度の水素分子が存在

水素分子以外に一酸化炭素や水の分子などもわずかに含んでいマス

分子雲コア

ぶんしうんコア、Molecular cloud core

分子雲の中で、何らかの理由によって密度がさらに100倍以上高くなったものを分子雲コア（61ページ）といいます。この分子雲コアが、太陽など恒星を生み出す直接の「母胎」となると考えられています。

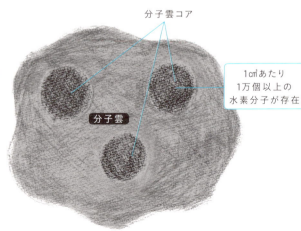

分子雲や分子雲コアのように密度が高くなると内部に含まれるちりが背後の星などの光をさえぎるようになるんダ それが暗黒星雲だヨ

分子雲コア

1cm³あたり1万個以上の水素分子が存在

分子雲

原始星

げんしせい、Protostar

分子雲コアがどんどん収縮して、密度と温度が高まっていくと、中心部に高温の塊ができます。これが赤ちゃん星である**原始星**です(太陽の場合は原始太陽といいます→60ページ)。原始星は分子雲コアの濃いガスの中に隠れて見えませんが、ガスが温められて赤外線を出すので、それを観測することができます。

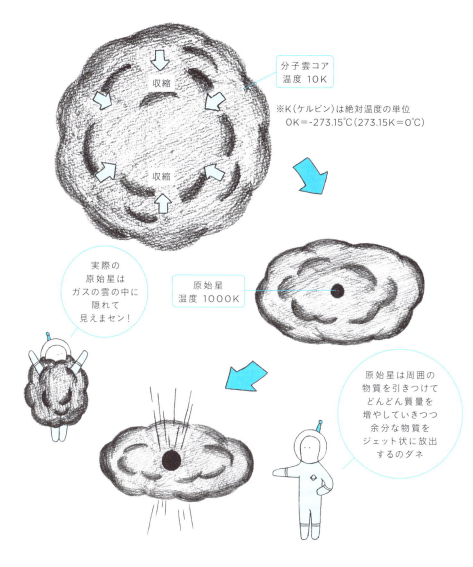

Tタウリ型星

ティータウリがたせい、T Tauri star

Tタウリ型星（おうし座T型星）は、原始星よりも成長した段階の星です。まだ核融合は起きていないので、一人前の大人の星になる前の「未成年の星」といえます。高温のために光っていて、その光を観測することができます。

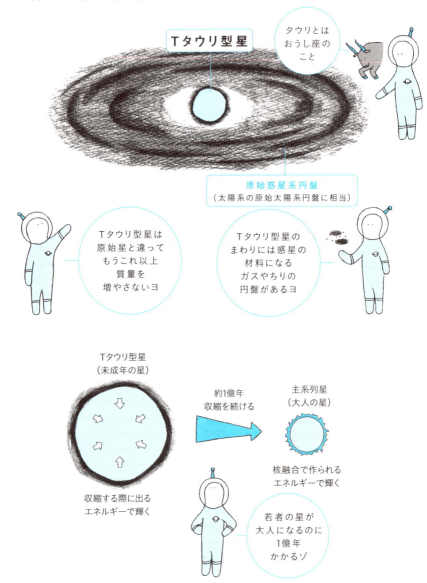

148

褐色矮星

かっしょくわいせい、Brown dwarf

原始星が十分な質量を獲得できないと、水素の核融合が起きるほど中心温度が高くならず、最終的に赤外線を放つ天体になります。こうした「恒星になりそこねた」星を褐色矮星といい、太陽の8%以下の質量の星は褐色矮星になります。

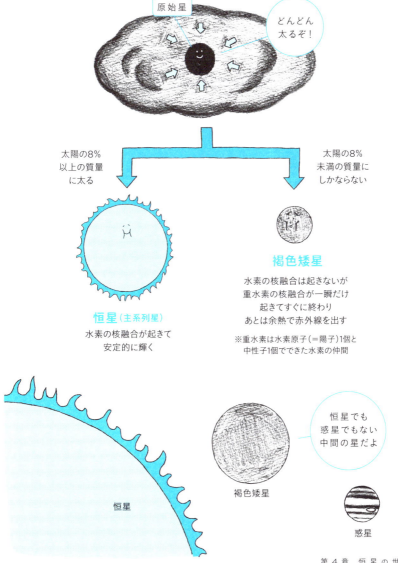

第4章 恒星の世界　149

主系列星

しゅけいれつせい、Main sequence star

主系列星とは、核融合によって安定して輝いている「大人の星」のことです。夜空の星の大部分は主系列星です。太陽ももちろん主系列星です。

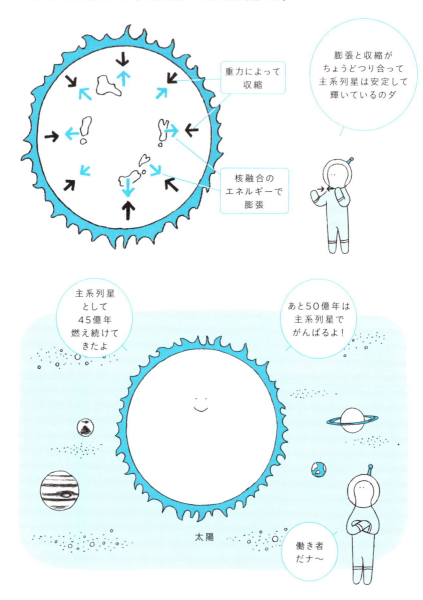

散開星団

さんかいせいだん、Open cluster

散開星団は、数十個から数百個の、比較的若い星が集まった星団（27ページ）です。同じ分子雲の中から同時に生まれた星たちが、まだばらばらにならずに近い場所にいるのが散開星団です。

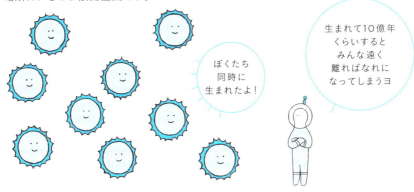

プレアデス星団

プレアデスせいだん、Pleiades

プレアデス星団（M45）は、おうし座にある有名な散開星団です。**すばる**（昴）という和名でも知られています。誕生してまだ6000万年～1億年ほどの、非常に若い恒星の集団です。

第4章 恒星の世界　151

スペクトル型

スペクトルがた、Spectral type

恒星は表面温度の違いから、温度の高い順にO型、B型、A型、F型、G型、K型、M型に分類されます。これを恒星の**スペクトル型**といいます。
また、温度の違いは星の色にも現れます。高温の星ほど青白く、低温の星は赤く見えます。太陽はG型星で、夜空にあれば黄色く見える星です。

冬の夜空の星とスペクトル型

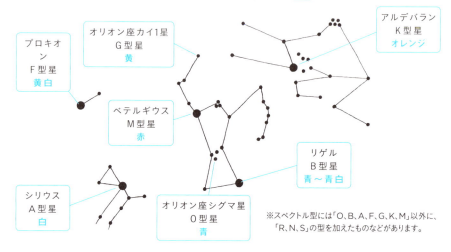

※スペクトル型には「O、B、A、F、G、K、M」以外に、「R、N、S」の型を加えたものなどがあります。

スペクトル型の順番の覚えかた

Oh, Be A Fine Girl, Kiss Me!
あぁ！素敵な女の子になってキスをして！

おばあふぐかむ
(OBAFuGuKaMu)
お婆フグ噛む

スペクトル型は星の重さの違いでもある?

主系列星の場合、表面温度が高いほど、質量が大きい(重い)星になります。たとえばO型星は、太陽(G型星)よりも数十倍以上も質量が大きくなります。一方、M型星は太陽の2割程度の質量しかありません。

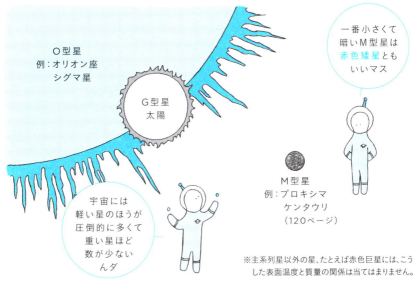

※主系列星以外の星、たとえば赤色巨星には、こうした表面温度と質量の関係は当てはまりません。

重い星は寿命が短い?

重い星ほど、核融合の「燃料」である水素を多く持つので、寿命が長いと思うかもしれません。ですが、重い星ほど重力が強く、中心部の温度が高くなるので、核融合反応が激しく進行し、水素を急激に消費するので、逆に寿命が短くなります。

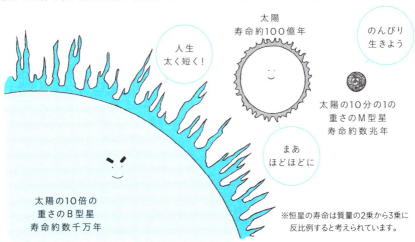

※恒星の寿命は質量の2乗から3乗に反比例すると考えられています。

第4章 恒星の世界

HR図

エイチアールず、Hertzsprung-Russell diagram

HR図（ヘルツシュプルング・ラッセル図）とは、横軸にスペクトル型（あるいは星の色や温度）、縦軸に星の本来の明るさ（絶対等級）をとった、恒星の分布図のことです。HR図から、恒星はいくつかのグループに分けられます。

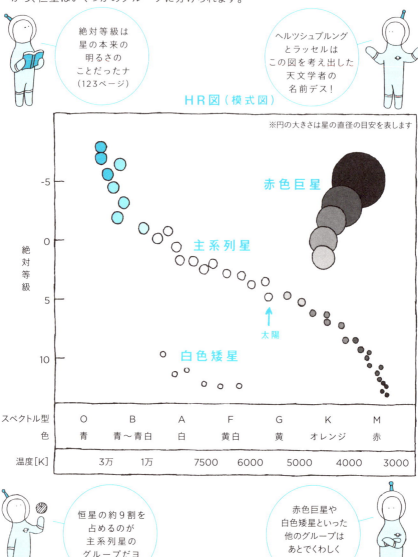

HR図を使って星までの距離を測る

天の川銀河の中にある恒星までの距離は、HR図を利用した以下のような方法で推定することができます（ただし主系列星のみ）。

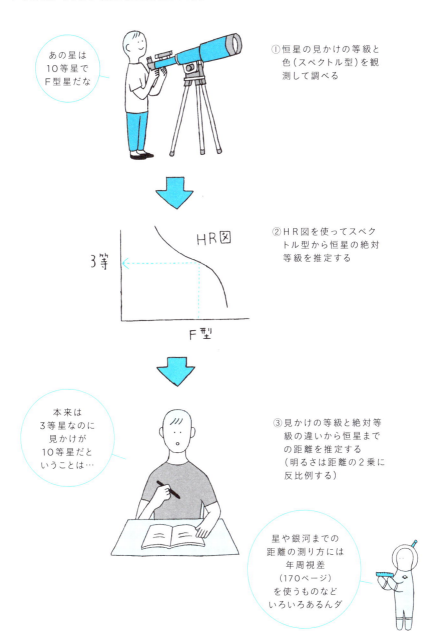

第4章 恒星の世界

赤色巨星

せきしょくきょせい、Red giant

赤色巨星は、老年期に入った星です。主系列星が燃料である水素をほぼ使いはたすと、星の中心部に核融合でできたヘリウムがたまる一方で、残った水素が激しく反応して大量の熱を出し、星はどんどん巨大化します。巨大化すると表面の温度が下がるので、星は赤く見えるようになり、赤色巨星となるのです。

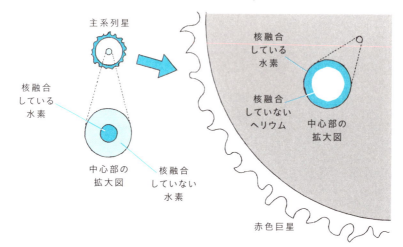

太陽はいつ赤色巨星になる？

太陽はあと50億年は主系列星として安定的に燃えていますが、その後、次第に膨らんで赤色巨星になると予想されています。水星や金星は、巨大化した太陽に飲み込まれて蒸発してしまうでしょう。

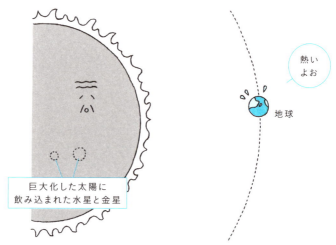

たて座UY星

たてざユーワイせい、 UY Scuti

赤色巨星よりもさらに大きなものを赤色超巨星といいます。たて座UY星は、たて座にある赤色超巨星です。直径は推定で太陽の約1700倍であり、現在知られているもっとも巨大な（直径の大きな）恒星とされています。

代表的な赤色巨星・赤色超巨星の大きさ比較

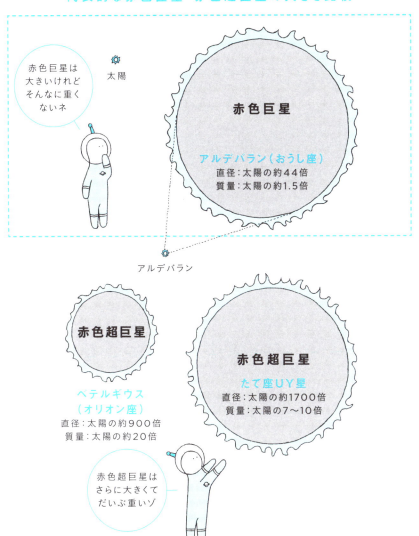

AGB星

エージービーせい、Asymptotic giant branch star

星の一生の最期の姿は、星の重さによって違います。太陽のような星（太陽の8倍程度までの質量の星）は、赤色巨星になった後、一度収縮して、その後ふたたび巨大化します。これをAGB星（漸近巨星分岐星）といいます。太陽のような星の最晩年の姿です。

太陽の老後から死まで①

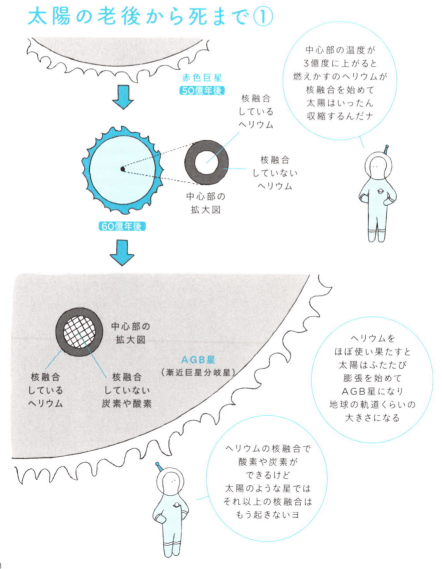

白色矮星

はくしょくわいせい、White dwarf

ＡＧＢ星は星全体が膨張や収縮を繰り返して、大量のガスを周囲に放出し、やがて星の中心部がむき出しになります。星の中心部は自分の重力で収縮していき、最終的に地球サイズの高温の白い星になります。これを白色矮星といいます。

太陽の老後から死まで②

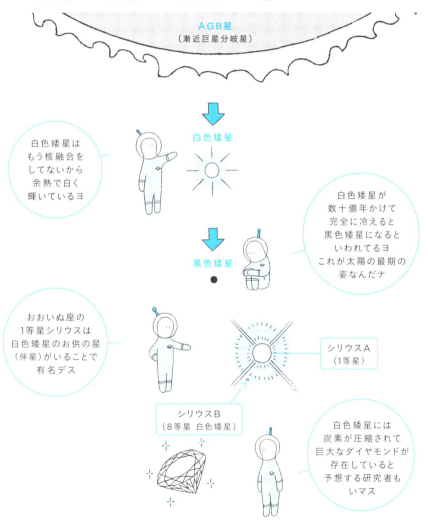

惑星状星雲

わくせいじょうせいうん、Planetary nebula

赤色巨星やAGB星は、周囲に大量のガスをまき散らします。それが中心の星（白色矮星の前段階の星）が放つ紫外線を受けて、色とりどりに輝くものを惑星状星雲といいます。一生を終えようとする星が見せる幻想的な輝きです。

さまざまな惑星状星雲

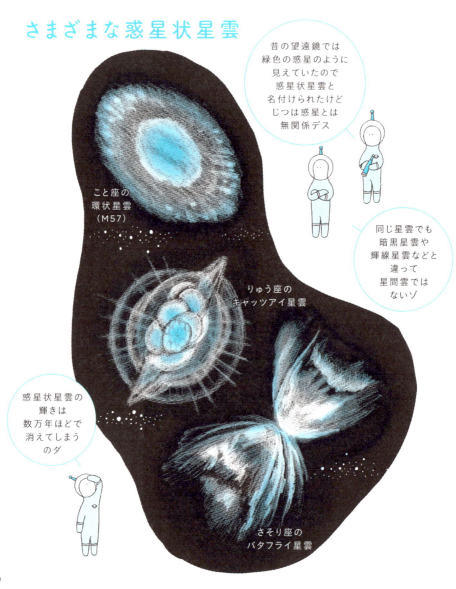

こと座の環状星雲（M57）

りゅう座のキャッツアイ星雲

さそり座のバタフライ星雲

昔の望遠鏡では緑色の惑星のように見えていたので惑星状星雲と名付けられたけどじつは惑星とは無関係デス

同じ星雲でも暗黒星雲や輝線星雲などと違って星間雲ではないゾ

惑星状星雲の輝きは数万年ほどで消えてしまうのダ

新星

しんせい、Nova

新星は、白色矮星の表面で爆発が起こり、一時的に数百倍から数百万倍も増光する現象です。星が新しく生まれたわけではありません。また、超新星（22ページ）のように星全体が吹き飛ぶのではなく、表面での爆発にとどまります。

新星（新星爆発）のしくみ

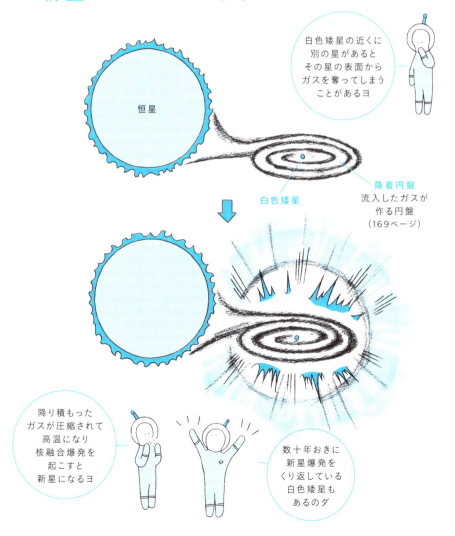

第4章 恒星の世界

重力崩壊

じゅうりょくほうかい、 Gravitational collapse

重力崩壊とは、年をとった重い星が自分の重さに耐えきれずにつぶれてしまう現象です。太陽よりも8倍以上重い星は、最後に重力崩壊を起こして、星全体が吹き飛びます。これが超新星(22ページ)です。

星の質量が決める老後の姿

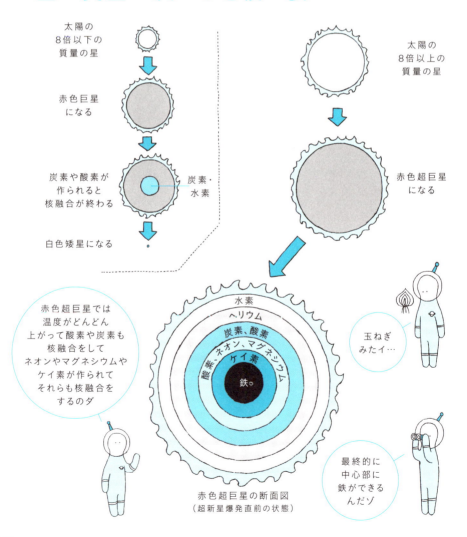

鉄の中心核ができたあとはどうなる？

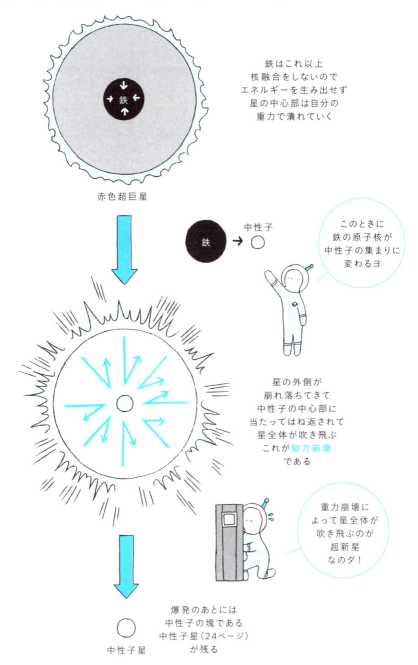

第 4 章 恒星の世界

ベテルギウス
Betelgeuse

オリオン座の1等星ベテルギウスは、直径が太陽の900倍（諸説あり）もある巨大な赤色超巨星です。星としての最晩年の状態にあり、天文学的なスケールでは「まもなく」超新星爆発を起こすと考えられています。

164

超新星残骸

ちょうしんせいざんがい。Supernova remnant

超新星残骸は、恒星が超新星爆発を起こしたあとにできる天体です。爆発によって超高速で飛び出たガスが星間物質とぶつかって高温になり、美しく輝くものが超新星残骸であり、星雲（26ページ）の一種に分類されています。

かに星雲

かにせいうん。Crab Nebula

かに星雲（M1）は、おうし座にある有名な超新星残骸です。1054年に観測された超新星の残骸であることが確認されています。

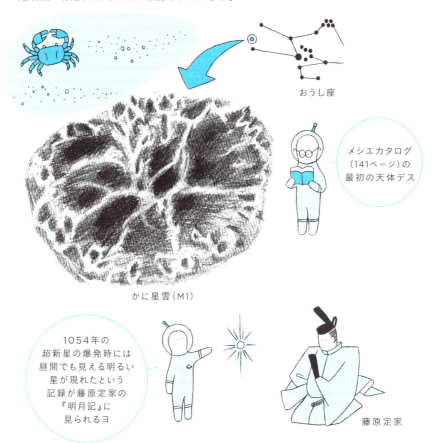

おうし座

メシエカタログ（141ページ）の最初の天体デス

かに星雲（M1）

1054年の超新星の爆発時には昼間でも見える明るい星が現れたという記録が藤原定家の『明月記』に見られるヨ

藤原定家

第4章 恒星の世界　165

パルサー

Pulsar

パルサーとは、パルス状の(周期的な)光や電波などを放つ天体です。パルサーから来る光や電波の周期は非常に正確であり、宇宙一正確な時計になっています。その正体は、高速で自転している中性子星です。

中性子星がパルサーとして観測されるしくみ

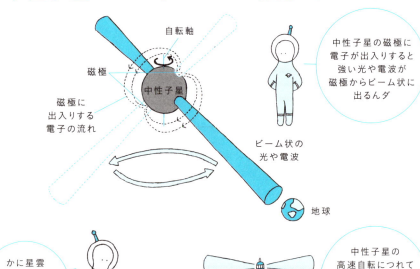

超新星1987A

ちょうしんせい1987エー、SN 1987A

超新星1987Aは、天の川銀河の隣にある大マゼラン雲（天の川銀河のお供のような小銀河。→208ページ）で1987年に発生した超新星です。肉眼でも見える明るさの超新星の出現は約400年ぶりでした。

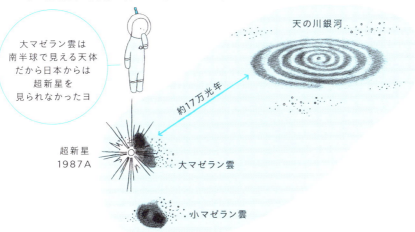

超新星が放つニュートリノが観測された！

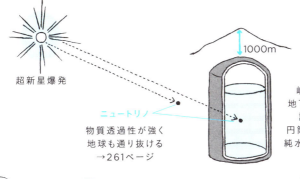

第4章 恒星の世界　167

事象の地平面

じしょうのちへいめん、Event horizon

太陽よりずっと重い星（およそ40倍以上）が超新星爆発を起こすと、星の中心部が無限に潰れていき、最終的にブラックホール（→25ページ）になります。ブラックホールの「表面」のことを事象の地平面といいます。

ブラックホールの構造

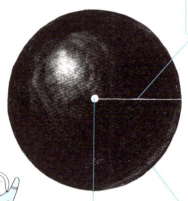

事象の地平面の内側に入るとこの世で一番速い光さえも強い重力に引かれて外へ脱出できない

シュバルツシルト半径
事象の地平面の半径のこと

事象の地平面の内側に入ったものは大きさがゼロになるまで圧縮されて特異点に詰め込まれるンダ

光が来ないので内部が見えないから地平線の向こう側が見えないことにたとえて事象の地平面といいマス

特異点
ブラックホールの中心の1点

事象の地平面

太陽をブラックホールにするには？

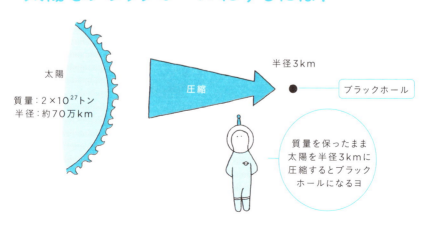

太陽
質量：2×10^{27}トン
半径：約70万km

圧縮

半径3km

ブラックホール

質量を保ったまま太陽を半径3kmに圧縮するとブラックホールになるヨ

はくちょう座X-1

はくちょうざエックスワン、Cygnus X-1

はくちょう座X-1は、ブラックホールの有力な候補と考えられている天体です。地球から約6000光年の距離にあり、強いX線を放っています。

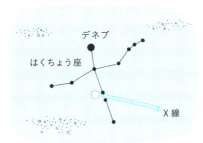

はくちょう座で見つかったX線を放つ天体なのではくちょう座X-1といいマス

はくちょう座X-1の想像図

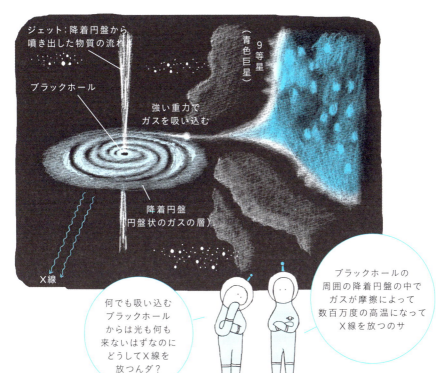

第4章 恒星の世界

年周視差

ねんしゅうしさ、Stellar parallax

年周視差とは、地球が太陽の周囲を公転するにつれて、恒星の見える方向が変わることです。年周視差の存在は、地動説の直接の証拠になっています。

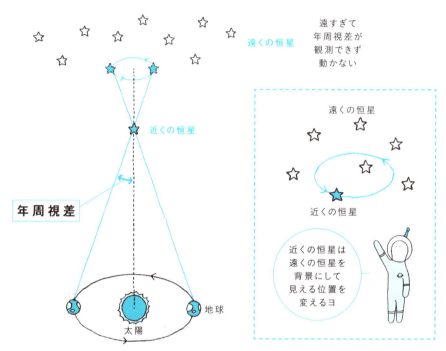

年周視差の検出は非常に困難？

近くの恒星ほど、年周視差は大きくなります。しかし、太陽系にもっとも近いケンタウルス座アルファ星でも、年周視差は約5000分の1度（満月の直径の2500分の1の大きさ）しかないので、検出は簡単ではありません。

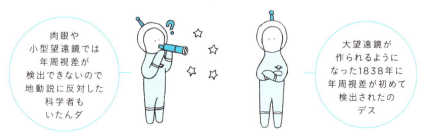

パーセク
Parsec

ある恒星の年周視差がわかると、その恒星までの距離を計算で求めることができます。年周視差が1秒角(3600分の1度)である恒星までの距離を1パーセクといいます。1パーセクは約3.26光年です。

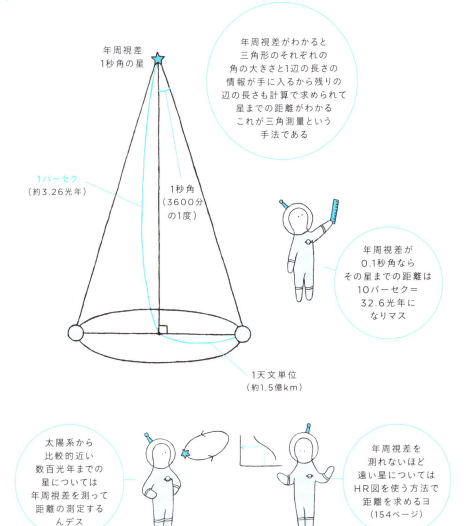

変光星
へんこうせい、Variable star

変光星とは、明るさを変える星のことです。明るさが変わる原因によって、いくつかの種類に分けられます。

食変光星

連星(176ページ)の一方の星がもう一方の星を隠すことで、明るさが変化するのが食変光星です。アルゴル(ペルセウス座ベータ星)などが知られています。

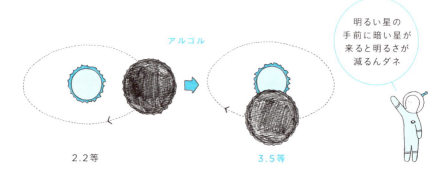

爆発変光星

星の表層や大気中での爆発などによって明るさが変わる星を、爆発変光星といいます。かんむり座R星が代表的な星です。

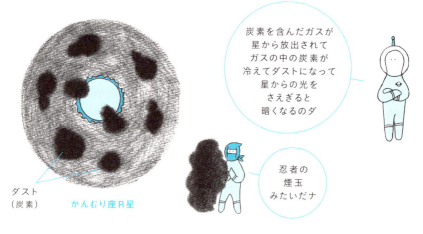

激変星

新星（161ページ）や超新星（22ページ）など、突発的に増光する星も変光星の一種であり、激変星とよばれます。

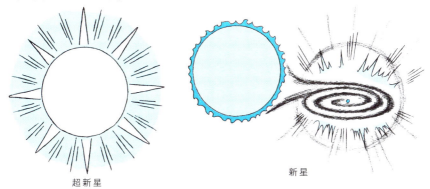

超新星　　新星

脈動変光星

星の表層が周期的に膨張・収縮をくり返す（脈動といいます）ことで変光するのが、脈動変光星です。変光周期や変光の規則性によって、多くのタイプに細分化されています。2等級から10等級まで変光するミラ（くじら座オミクロン星）は、脈動変光星（ミラ型変光星）の代表として有名です。

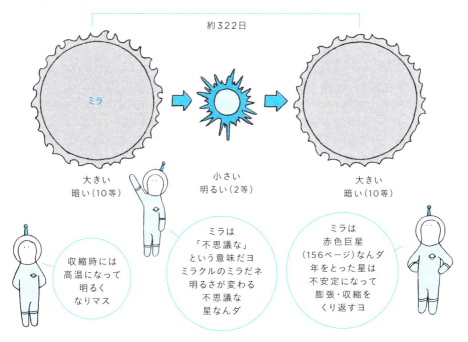

第4章 恒星の世界

セファイド変光星

セファイドへんこうせい、Cepheid variable

セファイド変光星（ケフェイド変光星）は、脈動変光星（173ページ）のタイプの1つです。セファイド変光星の変光の周期と絶対等級の間には規則的な関係があり、これを使うと6000万光年ほど先までの距離の測定ができます。

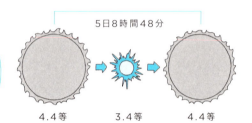

セファイド変光星の代表であるケフェウス座デルタ星は5日8時間48分の正確な周期で脈動しながら1等級ほどの幅で変光をくり返している

5日8時間48分

4.4等　3.4等　4.4等

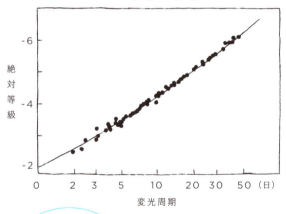

周期光度関係

絶対等級 / 変光周期

セファイド変光星は「変光周期が長いものほど星の本来の光度（絶対等級）が明るい」という関係が成り立っていてこれを周期光度関係というヨ

遠くの銀河の中にセファイド変光星が見つかればその変光周期から絶対等級がわかる！ そして見かけの等級との比較からセファイド変光星のある銀河までの距離がわかるのデス

セファイド変光星

KIC 8462852

KIC 8462852は探査衛星**ケプラー**(187ページ)が見つけた変光星です。その不規則な変光は、宇宙人が作った巨大建造物が星からの光をさえぎることで起こるという論文が2015年に発表されて、大きな話題を集めています。

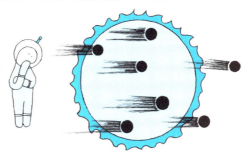

KIC 8462852

> 星の手前を大量の彗星が通り過ぎたりして暗くなっただけじゃないノ?

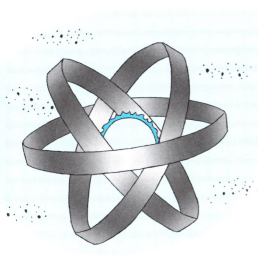

> 彗星や惑星の通過などでは最大22%にもなる減光は説明できないデス これは宇宙人が作った**ダイソン球**による減光ではないかという説もあるヨ

> ダイソン球は恒星を卵の殻のように覆って恒星の全エネルギーを利用する想像上の構造物デス

> 高度な文明を持つ宇宙人ならこうした装置を使っているかもしれないゾ!

第4章 恒星の世界　175

連星

れんせい、Binary star

連星（双子星とも）は、2つの恒星が重力を及ぼし合って、お互いのまわりを公転している天体です。明るいほうを**主星**といい、暗いほうを**伴星**といいます。

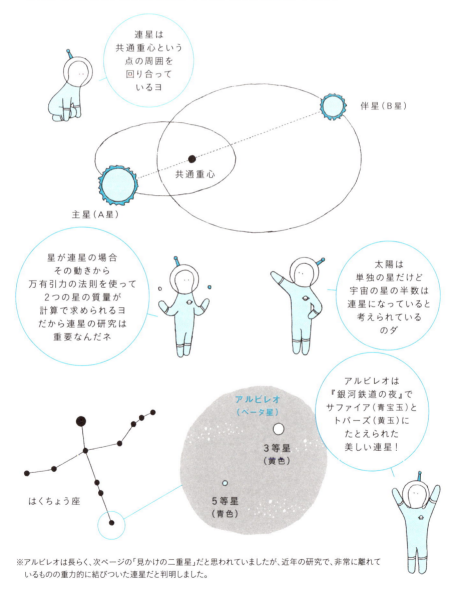

※アルビレオは長らく、次ページの「見かけの二重星」だと思われていましたが、近年の研究で、非常に離れているものの重力的に結びついた連星だと判明しました。

3つ以上の星が連星になっているものもある？

3つの恒星が連星になっているものを **3重連星**（3連星）といいます。ケンタウルス座アルファ星（120ページ）は3重連星です。さらに、4重、5重、そして6重連星になっているものまで見つかっています。

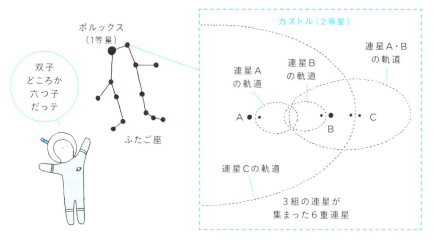

二重星

にじゅうせい、Double star

二重星とは、地球から見て互いに非常に近くにあるように見える星のことです。このうち、実際に空間的に近い距離にいて、互いの周囲を回り合っているのが連星です。一方、地球から見た方向がほぼ一致しているだけで、実際には空間的に遠く離れているものは **見かけの二重星** といいます。

第4章 恒星の世界　177

近接連星

きんせつれんせい、Close binary

近接連星とは、連星同士が非常に近くにあるものです。非常に強い重力が働くので、それぞれの星にさまざまな影響が出ます。

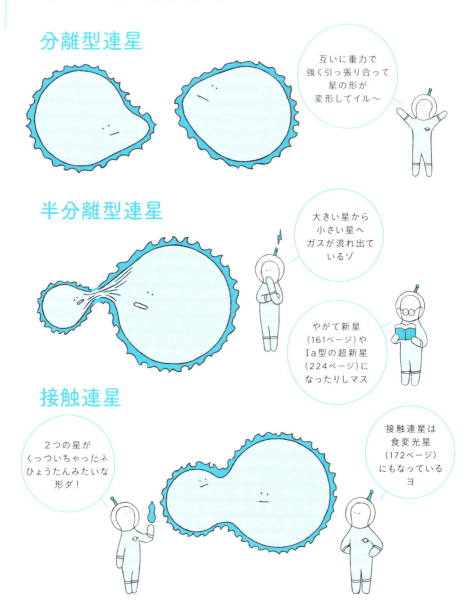

高輝度赤色新星
こうきどせきしょくしんせい、 Luminous red nova

高輝度赤色新星は、連星同士が衝突・合体して起きる大爆発だと考えられています（別の説もあります）。爆発の明るさ（光度）は、新星よりは明るく、超新星よりは暗いものであり、赤い色で見えるという特徴があります。

いっかくじゅう座V838星

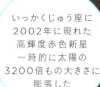

いっかくじゅう座に2002年に現れた高輝度赤色新星 一時的に太陽の3200倍もの大きさに膨張した

周囲に**ライトエコー**（光のこだま）という美しい渦模様が広がってゴッホの絵画「星月夜」のようだと話題になったヨ

2022年に赤い新星がはくちょう座に出現する？

はくちょう座にあるKIC 9832227という近接連星は、2022年頃に合体して高輝度赤色新星になるという予想が2017年に報告されています。現在12等星の星が2等星にまで明るくなり、肉眼でも見えると予想されています。

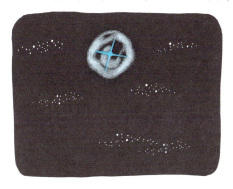

はくちょう座の赤い新星でもライトエコーが見られるかもしれないナ

第4章 恒星の世界　179

固有運動

こゆううんどう、Proper motion

恒星どうしは互いの位置関係を変えない、といいましたが（16ページ）、それは数年や数十年でのことです。もっと長い年月で見ると、恒星はそれぞれ別の方向へ動いていき、天球上での位置を変えています。これを固有運動といいます。

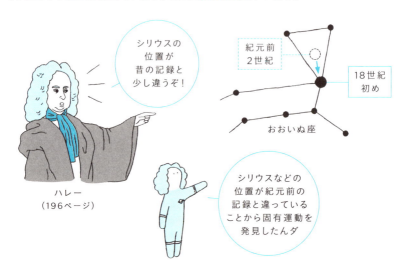

10万年後には北斗七星がひっくり返る？

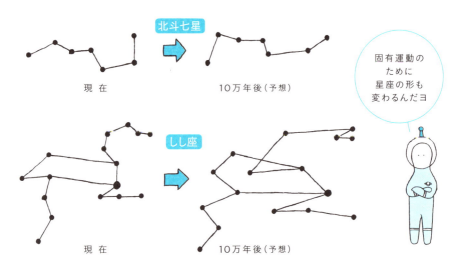

光行差

こうこうさ、 Aberration of light

光行差とは、天体を観測する時に地球が動いているために、天体からの光の見える方向がずれる現象です。地球の公転によって生じる光行差を年周光行差といいます。年周光行差は、地球が公転していることの証拠です。

分光

ぶんこう、Spectroscopy

分光とは、光を波長ごとに細かく分けることです。太陽の光をプリズムに通すと虹色に分かれますが、これはプリズムが太陽光を分光しているのです。

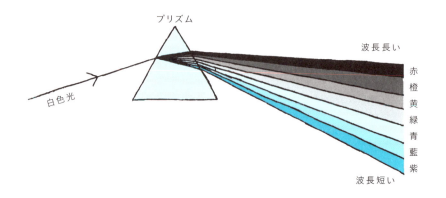

スペクトル

Spectrum

スペクトルは、分光した光を波長ごとに並べて図示したものです。

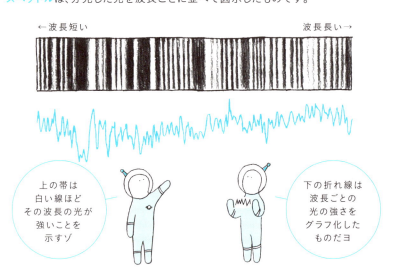

輝線／吸収線

きせん／きゅうしゅうせん、 Emission line/Absorption line

物質（元素）を高温にすると、その元素特有の波長の光を強く放ちます。これを輝線といいます。一方、光源と観測者との間にある元素が存在すると、その元素は輝線の波長の光を吸収するために、その波長の光だけが観測者に届かなくなります。これを吸収線（または暗線）といいます。

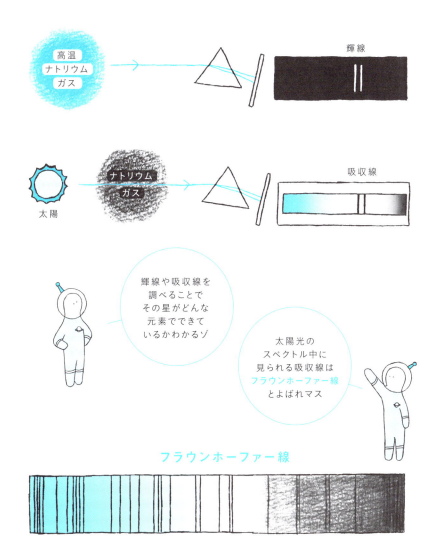

第4章 恒星の世界

系外惑星

けいがいわくせい、 Extrasolar planet/Exoplanet

系外惑星(太陽系外惑星)とは、太陽系の外にある惑星のことです。おもに、太陽以外の恒星のまわりを回っている惑星のことをいいます。
1995年に最初の系外惑星が発見され、2017年7月時点で3600個以上の系外惑星が発見されています。

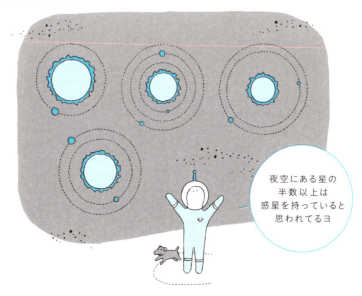

夜空にある星の半数以上は惑星を持っていると思われてるヨ

系外惑星の発見は難しかった？

自ら燃える恒星に比べて、恒星の光を反射するだけの惑星の明るさは1億分の1以下です。まぶしい恒星のすぐ近くを回る系外惑星を探すのは、灯台の近くを飛ぶ蛍の光を見つけるのと同じで、非常に難しかったのです。

ペガスス座51番星b

ペガススざ51ばんせいビー、51 Pegasi b

ペガスス座51番星bは、主系列星(150ページ)のまわりで初めて見つかった系外惑星です。1995年にスイスの天文学者たちが発見しました。

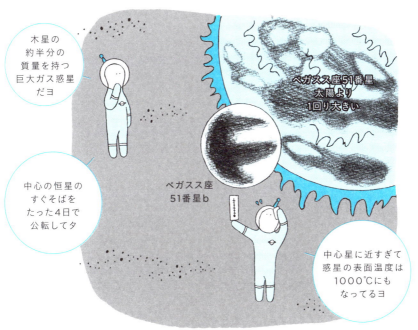

※1992年にパルサー(166ページ)の周囲で系外惑星が発見されています。
ペガスス座51番星bは、主系列星の周囲で初めて見つかった系外惑星です。

系外惑星の名前はどう付ける?

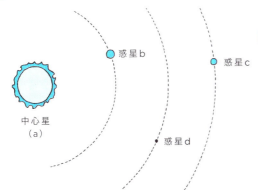

第4章 恒星の世界　185

ドップラー法

ドップラーほう、Doppler spectroscopy

ドップラー法は、系外惑星の探し方の1つです。系外惑星が中心星の周囲を回ると、中心星は惑星の重力に引かれてわずかに位置が動きます。その「ふらつき」の様子をとらえることで、惑星の存在を推定します。

トランジット法

トランジットほう、Transit method

トランジット法は、系外惑星が地球から見て中心星の前面を通る時に、惑星に隠されることで中心星が少しだけ暗くなる様子から、系外惑星の存在を知る方法です。

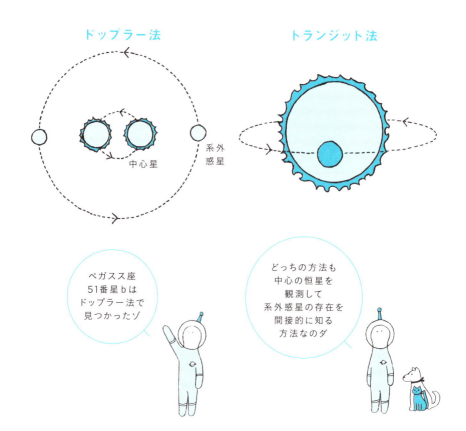

ケプラー（探査衛星）

Kepler

ケプラーは、系外惑星を探すためにNASAが打ち上げた探査衛星です。トランジット法を使って系外惑星を探します。ケプラーが見つけた系外惑星は2500個以上にのぼります。

直接撮像法

ちょくせつさつぞうほう、Direct imaging

微弱な系外惑星からの光を直接とらえるのが**直接撮像法**です。惑星の明るさや温度、軌道、大気などの重要な情報が直接得られるので、系外惑星の研究に大いに役立ちます。

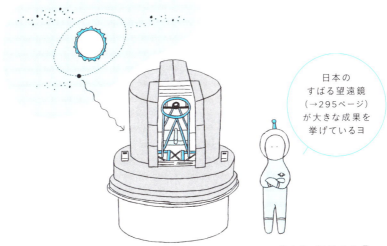

第4章 恒星の世界

ホット・ジュピター

Hot Jupiter

ホット・ジュピターとは、中心星のすぐ近くを公転している木星サイズの系外惑星です。太陽系の木星は、太陽から遠い場所を公転している冷たいガス惑星ですが、ホット・ジュピターは灼熱の惑星になっています。

エキセントリック・プラネット

Eccentric planet

エキセントリック・プラネットとは、軌道がまるで彗星のような極端な楕円軌道になっている系外惑星です。これも太陽系には存在しない"風変わり"な惑星です。

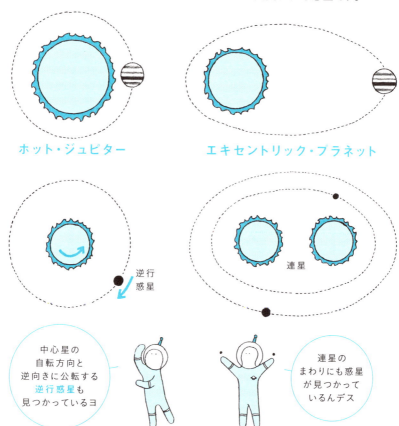

ホット・ジュピター　　　エキセントリック・プラネット

逆行惑星

連星

中心星の自転方向と逆向きに公転する**逆行惑星**も見つかっているヨ

連星のまわりにも惑星が見つかっているんデス

アイボール・プラネット

Eyeball planet

アイボール・プラネットは、赤色矮星（153ページ）のごく近くに存在し、常に同じ面を赤色矮星に向けているためにその面は非常に熱く、反対側は非常に冷たい惑星です。プロキシマ・ケンタウリの惑星（120ページ）がそうだと考えられています。

※アイボール・プラネットが常に水を持つわけではありません。

重力マイクロレンズ法

じゅうりょくマイクロレンズほう。 Gravitational microlensing

重力マイクロレンズ法は、系外惑星を探すのに使われる手法です。地球から見て、遠くの恒星の手前を別の恒星が通過する時、手前の恒星の重力が「レンズ」のような働きをして光を集めるために、遠くの恒星からの光が一時的に明るくなる現象を「重力マイクロレンズ」といいます。レンズの役割をする手前の恒星が惑星を持つ場合、惑星の重力による影響が加わって、一時的に明るくなって元に戻る途中で再び一瞬明るくなるといった現象が見られます。このことから系外惑星の存在を推定するのです。

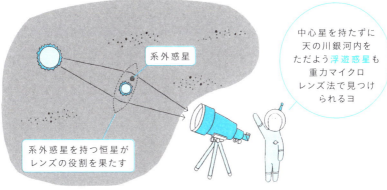

※「重力レンズ」のくわしい原理については218ページを参照。

第4章 恒星の世界　189

ハビタブルゾーン
Habitable zone

ハビタブルゾーン（日本語では「生命居住可能領域」と訳されます）は、恒星のまわりで、生命に必須とされる水が液体の状態で存在できる領域のことです。この範囲に存在する惑星をハビタブル惑星といいます。

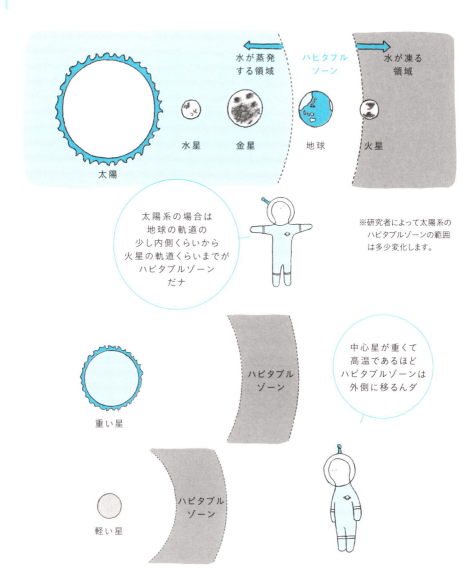

バイオマーカー

Biomarker

バイオマーカーとは、系外惑星に存在する生命を探すための、生命由来のシグナルのことです。たとえば、系外惑星の大気に酸素が見つかれば、光合成を行う生命がいるかもしれないと考えられるので、酸素はバイオマーカーになります。

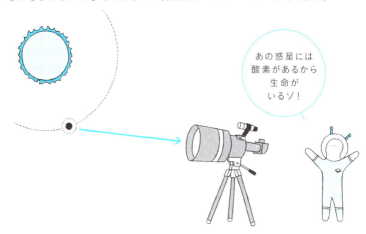

レッドエッジ

Red edge

地球の植物は赤い光や赤外線を強く反射する性質があり、**レッドエッジ**と呼ばれます。系外惑星からの光にレッドエッジが見つかれば、地球のような植物が生息する可能性があります。レッドエッジは有力なバイオマーカーです。

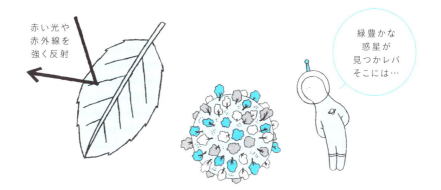

第4章 恒星の世界　191

アストロバイオロジー
Astrobiology

アストロバイオロジーは、まだ見ぬ地球外生命を探査し、その起源や進化の謎に迫ろうとする学問です。近年の系外惑星観測の進展を背景に、さまざまな分野の研究者がこの新しい学問分野に集まって、「宇宙における生命」という大きな謎に挑もうとしています。

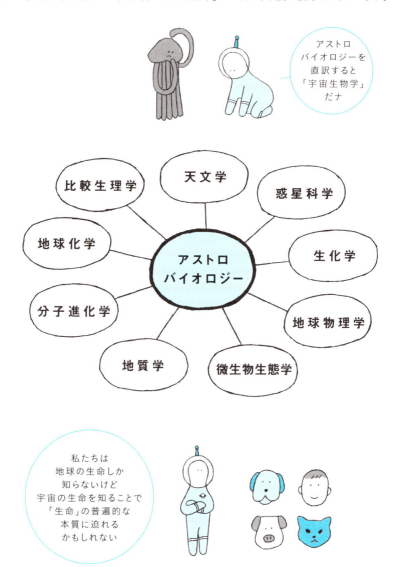

アストロバイオロジーを直訳すると「宇宙生物学」だナ

- 比較生理学
- 天文学
- 惑星科学
- 地球化学
- 生化学
- 分子進化学
- 地球物理学
- 地質学
- 微生物生態学

アストロバイオロジー

私たちは地球の生命しか知らないけど宇宙の生命を知ることで「生命」の普遍的な本質に迫れるかもしれない

ドレイクの方程式

ドレイクのほうていしき、Drake equation

ドレイクの方程式は、天の川銀河の中に電波通信を行うほどの文明水準にある地球外文明がどのくらいあるかを推定する方程式です。アメリカの天文学者ドレイクが1961年に発表しました。

$$N = R_* \times f_p \times n_e \times f_l \times f_i \times f_c \times L$$

- N：現在、天の川銀河内に存在する、電波通信技術を持つ高度な文明の数
- R_*：天の川銀河で1年間に生まれる恒星の数
- f_p：恒星が惑星を持つ割合
- n_e：1つの惑星系の中で、生命に適した環境を持つ惑星の数
- f_l：生命に適した環境を持つ惑星のうち、実際に生命が誕生する割合
- f_i：惑星で誕生した生命が知的能力を持つまでに進化する割合
- f_c：知的生命が電波による通信を行う文明を持つ割合
- L：電波による通信が行われる期間の長さ

Nの数つまり地球外文明の数はいくつカナ？

500？1？

「500万」という人もいれば「1」つまり天の川銀河内の知的文明は人類だけと考える人もいるんダ

方程式の答えがわかれば私たちは真の知的生命になれるのかもしれない

第4章 恒星の世界　193

SETI

セチ

SETIとは、地球外知的生命探査（Search for ExtraTerrestrial Intelligence）のこと、つまり「宇宙人探し」です。具体的には、地球外知的生命が送信してくる電波などの信号を受信することで、彼らの存在を見つけようとする試みです。

ドレイク

世界初のSETIに使われた電波望遠鏡

世界初のSETIは1960年にドレイク（193ページ）が行った「オズマ計画」で
アメリカ・グリーンバンク国立電波天文台の電波望遠鏡を使って
太陽によく似た恒星（距離約10光年）を200時間観測したが
地球外文明からの信号をキャッチすることはできなかった

Wow!シグナル

ワオ！シグナル、Wow! signal

1977年にアメリカ・オハイオ州立大学のビッグイヤー電波望遠鏡が、謎の強い電波を72秒間観測しました。記録をチェックした研究者が信号部分を丸で囲んで欄外に「Wow!」と書き入れたので、「Wow!シグナル」と呼ばれます。

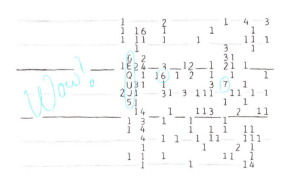

信号を再び検出することはできなかったカラ本物の信号だったかどうかは不明なのダ

もしもコンタクトに成功したら？

あなたが地球外知的生命からの電波信号などを受信した場合、勝手に返事をしてはいけません。以下のガイドラインに従って行動することを求められます。

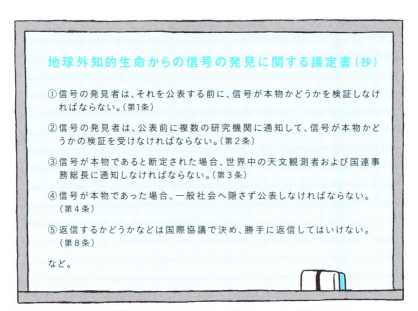

地球外知的生命からの信号の発見に関する議定書（抄）

① 信号の発見者は、それを公表する前に、信号が本物かどうかを検証しなければならない。（第1条）

② 信号の発見者は、公表前に複数の研究機関に通知して、信号が本物かどうかの検証を受けなければならない。（第2条）

③ 信号が本物であると断定された場合、世界中の天文観測者および国連事務総長に通知しなければならない。（第3条）

④ 信号が本物であった場合、一般社会へ隠さず公表しなければならない。（第4条）

⑤ 返信するかどうかなどは国際協議で決め、勝手に返信してはいけない。（第8条）

など。

※上記ガイドラインはIAA（国際宇宙航空アカデミー）のSETI委員会で1989年に採択されました。

地球外文明探査は人類にとって「失敗もまた成功である」と言える数少ない活動の1つである

セーガン（ドレイクとともにSETIのリーダーを務めたアメリカの天文学者）の言葉

地球人と本当にコンタクトできる日が来るかもネ

第4章　恒星の世界　195

宇宙にまつわる哲学者＆科学者

07

ニュートン

1643 - 1727

イギリスの数学者・物理学者・天文学者のニュートンは
万有引力（重力）の法則や運動の3法則（慣性の法則、
加速度の法則、作用・反作用の法則）を発見しました
彼が打ち立てたニュートン力学の体系によって
地球が太陽のまわりを回る原因や惑星が楕円の軌道を
とる理由も物理的に説明できるようになりました
現在にまで引き継がれている近代的宇宙観は
ニュートンの手によってもたらされたのです

08

ハレー

1656 - 1742

イギリスの天文学者ハレーはニュートンの友人であり
ニュートンが大著『プリンキピア』を出版する
手助けをしました
さらに彼はニュートン力学に基づいて
ハレー彗星（98ページ）の回帰を予言して
見事に的中させました
これはニュートン力学を応用して太陽系の天体の
運動を研究する天体力学の最初の成果でした

天の川

あまのがわ、Milky Way

天の川は、夜空を横切る淡い雲の帯のようなものです。英語ではミルキーウェイ（乳の道）といいます。その正体が無数の暗い星々の集まりであることを発見したのは、天の川に自作の望遠鏡を向けたガリレオでした。

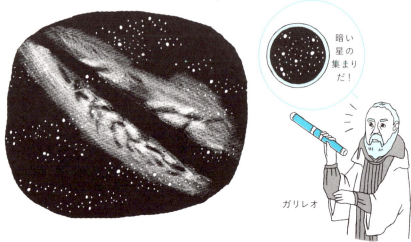

天の川はなぜ帯のように見える？

天の川は帯状に夜空を一周しています。これは、天の川を構成する星々が私たちのまわりに薄い円盤状に広がっているためです。太陽や地球もその円盤の中にあって、まわりを見渡すと星々が細い帯のように連なって見えるのです。

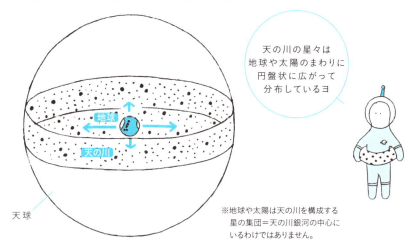

※地球や太陽は天の川を構成する星の集団＝天の川銀河の中心にいるわけではありません。

天の川銀河

あまのがわぎんが、Milky Way Galaxy

天の川銀河(銀河系)は、私たち太陽系が属する銀河(30ページ)です。天の川銀河は約1000億個(約2000億個とも)の恒星と、その数十％の質量を持つ星間物質(140ページ)からできています。

渦巻きを作っている点1つ1つが太陽のような恒星なんだナ

「1000億個の星」をイメージするには？

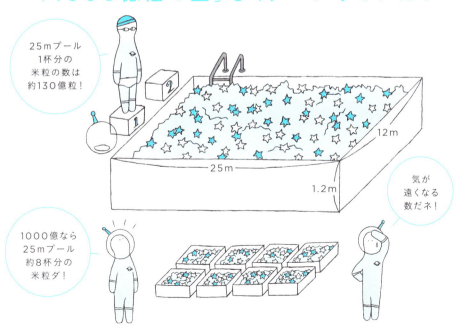

25mプール1杯分の米粒の数は約130億粒！

1000億なら25mプール約8杯分の米粒ダ！

気が遠くなる数だネ！

第5章 天の川銀河と銀河宇宙　199

銀河円盤

ぎんがえんばん、Disc

天の川銀河は約1000億の恒星の集団ですが、恒星は中心部が凸レンズのように膨らんだ円盤の形に分布しています。このうち、中心部の膨らみを除いた円盤部分のことを銀河円盤（ディスク）といいます。私たちの太陽系は、銀河円盤にあります。

バルジ

Bulge

天の川銀河の中心部にある膨らみのことをバルジといいます。銀河円盤には若い星や、星を作る材料となる星間物質からできているのに対して、バルジは年齢100億年程度の年老いた星からできていて、星間物質はほとんどありません。

天の川銀河を横から見た姿（模式図）

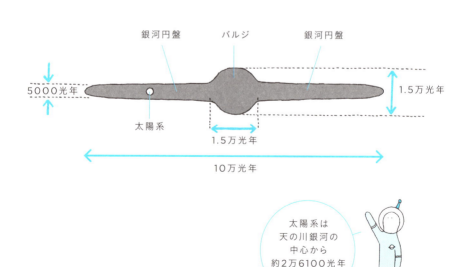

太陽系は天の川銀河の中心から約2万6100光年離れていマス

渦状腕

かじょうわん、Spiral arm

天の川銀河の銀河円盤を上から見ると、渦巻き状のパターンが見られます。これを渦状腕(スパイラルアーム)といいます。天の川銀河には4つの大きな渦状腕が見られます。太陽系は、それ以外の小さな腕の1つであるオリオン腕の中にあります。

天の川銀河を上から見た姿(模式図)

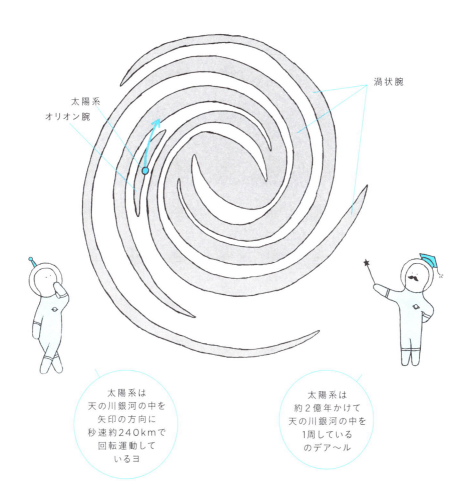

太陽系は天の川銀河の中を矢印の方向に秒速約240kmで回転運動しているヨ

太陽系は約2億年かけて天の川銀河の中を1周しているのデア〜ル

第5章 天の川銀河と銀河宇宙

いて座A*

いてざエースター、Sagittarius A*

いて座A*は、いて座にある点状の天体で、可視光では何も見えませんが、強い電波が放出されています。ここは天の川銀河の中心であり、その正体は超大質量ブラックホール（203ページ）だと考えられています。

天の川が二股に分かれて見えるのは濃いガスや塵によって光が吸収されて地球まで届かないからなんだナ

でもそこに天の川銀河の中心部分があるんだヨ！

電波は宇宙からもやって来ていた！

1931年にアメリカの無線技術者ジャンスキーが、雷が発生させる電波を調べていて、天の川のいて座方向から来る電波を偶然発見しました。これが、宇宙からの電波を観測する電波天文学の始まりとされています。

超大質量ブラックホール

ちょうだいしつりょうブラックホール、Supermassive black hole

超大質量ブラックホールとは、太陽の10万倍から100億倍ほどの質量を持つブラックホールです。天の川銀河を始め、多くの銀河の中心部には超大質量ブラックホールが存在していると考えられています。

天の川銀河中心部の超大質量ブラックホール

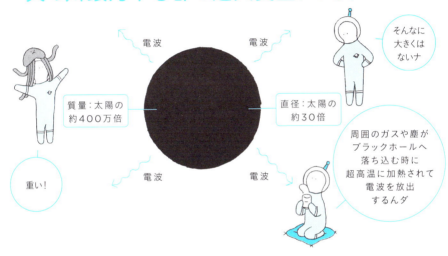

超大質量ブラックホールはどうやってできた？

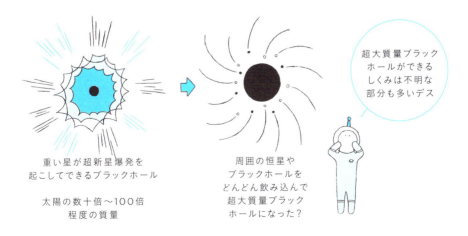

第5章 天の川銀河と銀河宇宙

球状星団

きゅうじょうせいだん、Globular cluster

球状星団は、数万から数百万もの恒星が球状に集まっている星団（27ページ）です。生まれて100億年を超えるような、非常に古い星が集まっています。

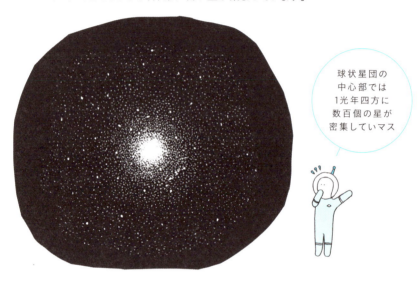

球状星団の中心部では1光年四方に数百個の星が密集していマス

球状星団と散開星団はどう違う？

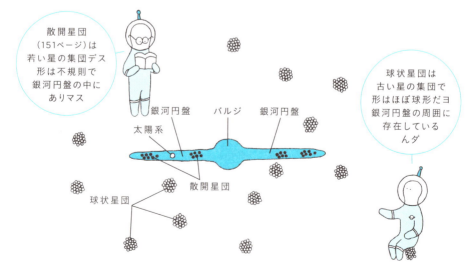

散開星団（151ページ）は若い星の集団デス 形は不規則で銀河円盤の中にありマス

球状星団は古い星の集団で形はほぼ球形だヨ 銀河円盤の周囲に存在しているんダ

ハロー

Halo

ハローは、銀河円盤やバルジを大きく囲むように広がる球殻状の領域です。その大きさは定かではありませんが、銀河円盤の10倍くらいの大きさに広がっているとされています。

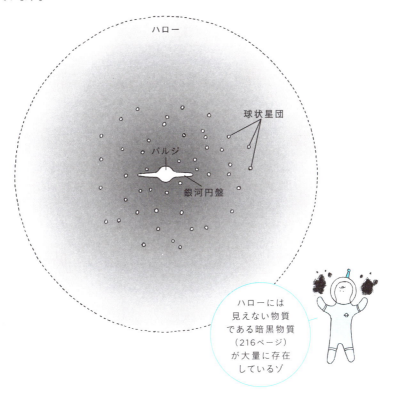

ハローには見えない物質である暗黒物質（216ページ）が大量に存在しているゾ

星の種族

ほしのしゅぞく Stellar population

星の種族とは、恒星の分類法の1つです。種族Ⅰの恒星は、星の内部に水素やヘリウムより重い元素（炭素や酸素など）を多く含む若い星で、銀河円盤に多く見られます。種族Ⅱの恒星は、ヘリウムより重い元素をほとんど含まない古い星で、バルジや球状星団に多く見られます。また種族Ⅲという、宇宙初期にできた第一世代の大質量星の存在も提唱されています（仮説）。

第5章 天の川銀河と銀河宇宙　205

渦巻銀河

うずまきぎんが。Spiral galaxy

渦巻銀河は、渦巻き模様（渦状腕）の銀河円盤を持つ銀河です。渦状腕の部分には種族Ⅰの星（205ページ）と星間物質が多く、新たな星が誕生しています。
中心部分に棒状の構造を持つものを特に**棒渦巻銀河**といいます。天の川銀河は棒渦巻銀河だと考えられています。

普通の明るさの銀河の中では一番多く見つかっている銀河だヨ

楕円銀河

だえんぎんが。Elliptical galaxy

楕円銀河は、円形や楕円形をした銀河です。年老いた星が多く、また星間物質はほとんどなく、新たな星は生まれません。楕円銀河の中では、星々はランダムな方向に動いています。

1兆個の星が集まった巨大な楕円銀河もあるんダ

※一部の楕円銀河には若い星団が見られ、現在でも星形成が行われています。

レンズ状銀河

レンズじょうぎんが、Lenticular galaxy

レンズ状銀河は、形は渦巻銀河に似ていて、銀河円盤とバルジを持ちますが、円盤に渦模様（渦状腕）はありません。一方、古い星が多く、星間物質が少ない点は、楕円銀河に似ています。

渦巻銀河と楕円銀河の中間のような銀河デス

不規則銀河

ふきそくぎんが、Irregular galaxy

不規則銀河は、その名の通り、明確な構造を持たず、形が不規則な銀河です。小さな銀河ですが、星間物質を非常に多く持ち、星が活発に誕生しています。

矮小銀河

わいしょうぎんが、Dwarf galaxy

矮小銀河は、数十億個以下の恒星からなる、非常に小さくて暗い銀河です。形は丸いものや不規則なものなどさまざまです。数としては、普通の明るさの銀河（渦巻銀河、楕円銀河など）よりもずっと多く存在しています。

大マゼラン雲

だいマゼランうん。Large Magellanic Cloud

大マゼラン雲は、南半球で見られる銀河で、不規則銀河（207ページ）に分類されます。天の川銀河にもっとも近い銀河（太陽系からの距離約16万光年）で、大きさは天の川銀河の約4分の1です。

小マゼラン雲

しょうマゼランうん。Small Magellanic Cloud

小マゼラン雲も、南半球で見られる不規則銀河です。太陽系からの距離は約20万光年、大きさは天の川銀河の約6分の1です。大マゼラン雲とともに、天の川銀河のまわりを回る「お供の銀河」（伴銀河）だと考えられています。

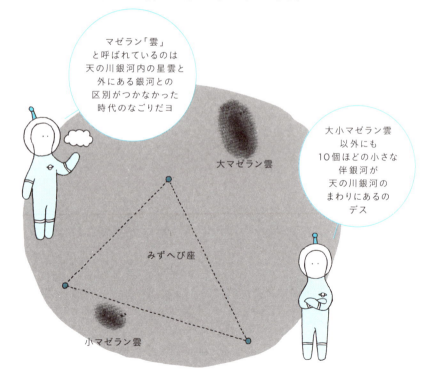

※近年の研究では、大小マゼラン雲は天の川銀河と重力的に結びついた伴銀河ではなく、たまたま近くにいるだけであり、いずれ遠ざかっていくのではないかとの説もあります。

アンドロメダ銀河

アンドロメダぎんが、Andromeda Galaxy

アンドロメダ銀河（M31）は、アンドロメダ座にあり、月の直径の6倍の大きさに見える巨大な渦巻銀河です。太陽系からの距離は約230万光年で、天の川銀河の2倍の直径と2倍の星を持っていると考えられています。

昔の名前である「アンドロメダ大星雲」と今でも呼ばれることがあるんダ

銀河の中で肉眼で見えるのは大小マゼラン雲とアンドロメダ銀河の3つダケ！

アンドロメダ銀河は合体した銀河だった？

アンドロメダ銀河の中心部には、超大質量ブラックホール（203ページ）が2つあることがわかっています。このことから、アンドロメダ銀河はかつて2つの銀河が合体して、巨大な銀河になったのではないかと考えられています。

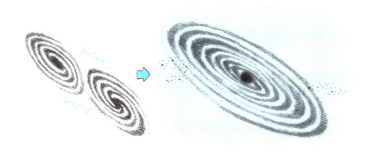

局部銀河群

きょくぶぎんががぐん、Local Group

局部銀河群（局所銀河群）は、天の川銀河が所属する銀河群（31ページ）です。天の川銀河とアンドロメダ銀河、**さんかく座銀河**（M33）の3つの大きな銀河、それぞれの伴銀河や矮小銀河など、数百万光年の範囲にある50個ほどの銀河が所属していますが、ほかに未発見の矮小銀河も多数あるとされています。

局部銀河群（代表的な銀河）

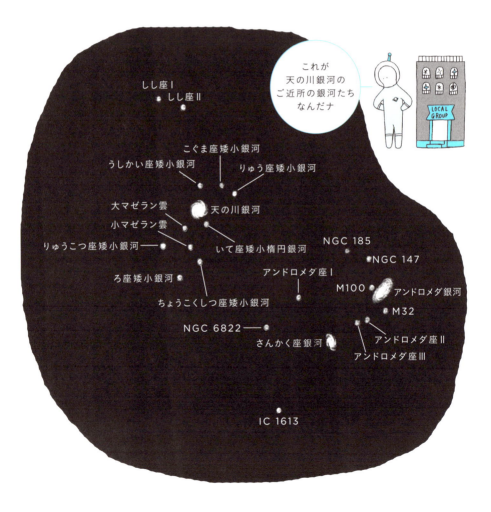

ミルコメダ

Milkomeda

天の川銀河とアンドロメダ銀河は互いの重力によって引かれ合い、秒速約300kmで近づいています。近づくにつれてその速度は増していき、今からおよそ40億年後には衝突して、最終的には合体して1つの巨大な楕円銀河「ミルコメダ」になると考えられています。

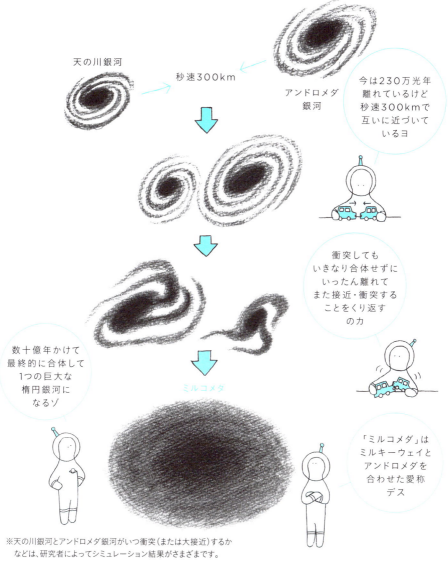

※天の川銀河とアンドロメダ銀河がいつ衝突（または大接近）するかなどは、研究者によってシミュレーション結果がさまざまです。

第5章 天の川銀河と銀河宇宙　211

触角銀河

しょっかくぎんが、Antennae Galaxies

触角銀河（**アンテナ銀河**とも）は、からす座にある銀河の対です。2つの銀河（NGC4038とNGC4039）は数億年前に衝突して互いにすり抜け、銀河から飛び出した星々でできた2本の長い触角のような構造が伸びています。

昆虫の触角みたいだポ

車輪銀河

しゃりんぎんが、Cartwheel Galaxy

車輪銀河は、ちょうこくしつ座にあるレンズ状銀河（207ページ）です。約2億年前に別の小さな銀河の中心近くを通り抜け、その時の衝撃で新しい星が爆発的に誕生したと考えられています。

通り抜けた小さな銀河が右上に見えているゾ

銀河同士の衝突は日常茶飯事？

標準的な銀河の大きさが約10光年なのに対して、銀河団（31ページ）中の銀河同士の間隔は数百光年なので、銀河同士が衝突することは珍しくはありません。一方、銀河内での恒星間の平均距離は、恒星の直径の約1000万倍なので、銀河が衝突しても銀河の星同士が衝突する可能性は限りなく低いのです。

スターバースト
Starburst

銀河同士が衝突や大接近をすると、銀河中の星間物質が衝突によって圧縮されて急速に密度を増し、太陽の10倍以上の質量を持つ恒星が短期間に大量に誕生することがあります。こうした現象をスターバーストといいます。

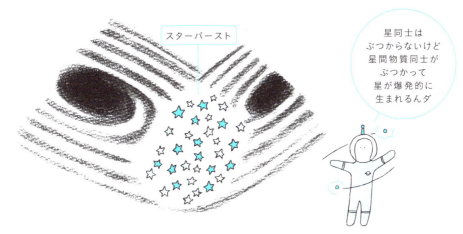

おとめ座銀河団

おとめざぎんがだん、Virgo Cluster

おとめ座銀河団は、局部銀河群からもっとも近いところ(太陽系からの距離約5900万光年)にある銀河団(31ページ)です。1200万光年ほどの広がりの中におよそ2000個の銀河が群れています。

おとめ座銀河団の銀河たち(一部)

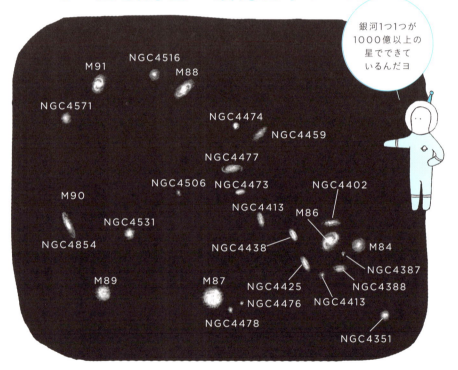

M87

M87は、おとめ座銀河団の中心に鎮座する巨大な楕円銀河です。天の川銀河の3倍の重さを持ち、中心部には太陽の約60億倍の重さの超大質量ブラックホールがひそんでいます。「ウルトラマン」の故郷になるはずだった銀河としても知られています(145ページ)。

銀河団からX線が来るのはなぜ？

X線を観測する人工衛星で銀河団を観測すると、銀河団から強いX線が出ていることがわかります。これは、銀河団の内部に何千万度もの高温のプラズマガスが大量に存在して、そこからX線が放出されていることを表します。

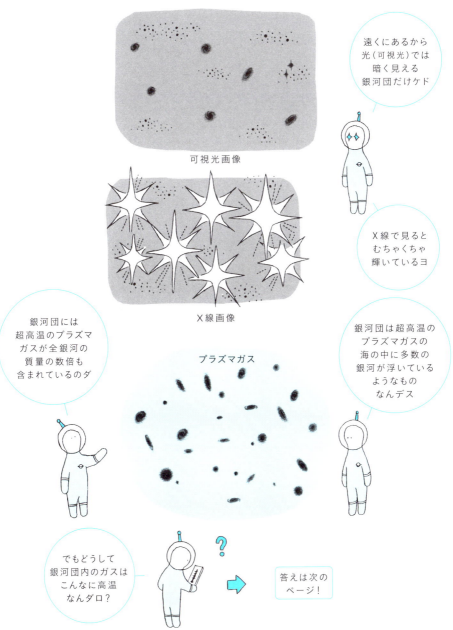

暗黒物質

あんこくぶっしつ、Dark matter

暗黒物質（ダークマター） は、目に見えない（光など電磁波を放出・吸収しない）のに、重力を周囲におよぼす正体不明の物質です。銀河団の内部や銀河の周囲には、目に見えている物質の10倍～100倍もの質量の暗黒物質が潜んでいると考えられています。

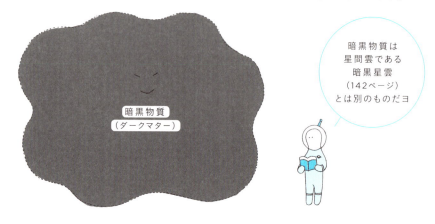

暗黒物質は星間雲である暗黒星雲（142ページ）とは別のものだヨ

銀河団内には大量の暗黒物質がある？

銀河団内の各銀河の運動を調べると、どれもばらばらな方向へ激しく動いています。しかし、銀河が銀河団からどんどん飛びだしていくことはありません。これは、銀河団内に大量に存在する暗黒物質が強い重力で銀河を引き留めているためだと考えられています。この暗黒物質の重力によって圧縮されることで、銀河団内のガスは超高温になっています。

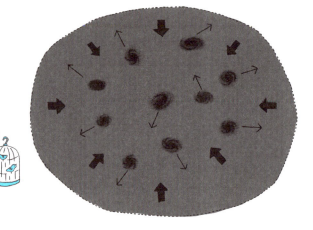

暗黒物質の強い重力が激しく運動する銀河を銀河団内に引き留めているんダ

天の川銀河は暗黒物質に取り囲まれている？

天の川銀河の中では、恒星やガスが銀河内を回転しています。普通は、銀河の外側に行くほど回転速度が遅くなるのですが、外側にある星やガスも速く回転しています。それでも星やガスが天の川銀河から飛びだしていかないのは、天の川銀河の周囲を暗黒物質が取り囲み、重力で引きつけているからです。

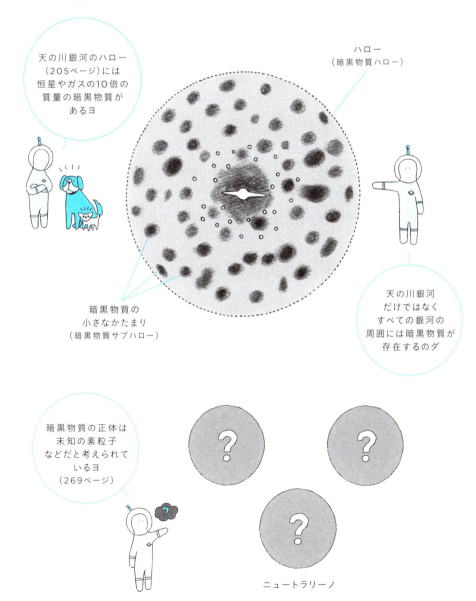

重力レンズ

じゅうりょくレンズ、Gravitational lens

重力レンズは、遠方の天体からの光が手前にある天体の重力によって進路を曲げられて地球に届いた結果、遠くの天体の像が拡大されたり、複数の像が見えたりする現象です。アインシュタインが1936年に論文で重力レンズ現象について記し、1979年に実際の現象が発見されました。

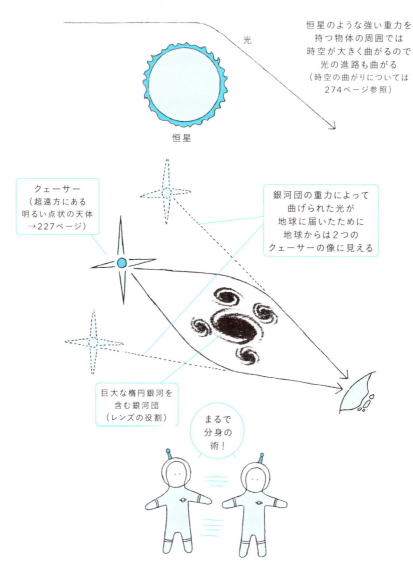

さまざまな重力レンズ現象

地球と光源天体
そしてレンズ天体が
一直線上に並ぶとできる
「アインシュタイン・リング」

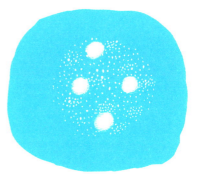

レンズ天体の重力によって
4つの像が見えている
「アインシュタインの十字架」

地球から見て手前にある銀河団の重力によって
その背後にある多数の銀河がアーク（弧）状にゆがむ

重力レンズで暗黒物質の分布を探る？

暗黒物質も重力を及ぼすので、その背後にある銀河からの光は重力レンズ効果を受けて地球に届き、銀河の像がわずかにゆがむ「弱い重力レンズ効果」が生じます。多数の銀河の像の変形具合を統計的に調べることで、暗黒物質の空間分布を知ることができます。

超銀河団

ちょうぎんがだん、Supercluster

超銀河団は、銀河団や銀河群が数十個以上、1億光年以上の距離にわたって連なったものです。私たちの天の川銀河を含む局部銀河群は、おとめ座銀河団(214ページ)を中心としたおとめ座超銀河団(局部超銀河団とも)に属しています。

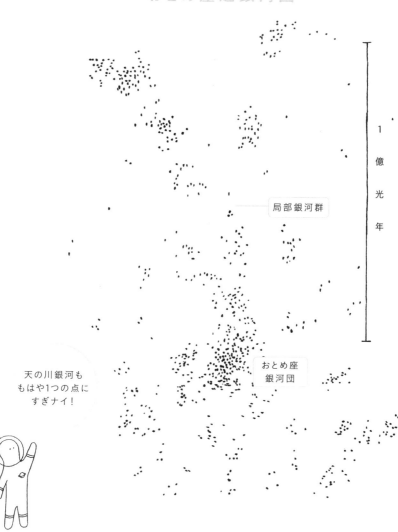

おとめ座超銀河団

局部銀河群

おとめ座銀河団

1億光年

天の川銀河も
もはや1つの点に
すぎナイ！

ラニアケア超銀河団

ラニアケアちょうぎんがだん、Laniakea Supercluster

おとめ座超銀河団は、新たに存在が確認された**ラニアケア超銀河団**という非常に巨大な超銀河団の一部であるという仮説が2014年にハワイ大学の研究グループによって発表されました。

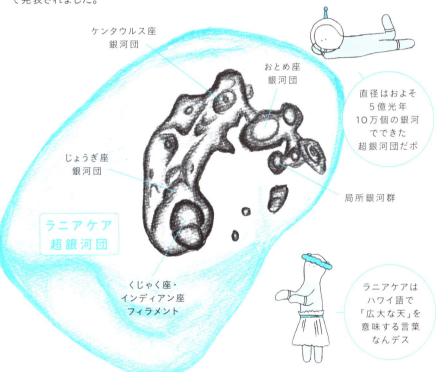

"PLANES OF SATELLITE GALAXIES AND THE COSMIC WEB," BY NOAM I. LIBESKIND ET AL., IN MONTHLY NOTICES OF THE ROYAL ASTRONOMICAL SOCIETY, VOL. 452, NO. 1; SEPTEMBER 1, 2015 (inset slab); DANIEL POMARÈDE, HÉLÈNE M. COURTOIS, YEHUDA HOFFMAN AND BRENT TULLY (data for Laniakea illustration) を参考に作図

ボイド

Void

宇宙には超銀河団という銀河の密集した領域がある一方で、数億光年の範囲にわたって銀河がほとんど存在しない領域もあります。こうした領域を**ボイド**（空洞の意味）といいます。

宇宙の大規模構造

うちゅうのだいきぼこうぞう、Large-scale structure of the cosmos

宇宙の大規模構造とは、宇宙の中で銀河が網の目のような形で分布している構造のことです。網の部分に銀河が集中して分布して銀河団や超銀河団をつくり、網の内部は銀河が存在しないボイド（221ページ）になっています。

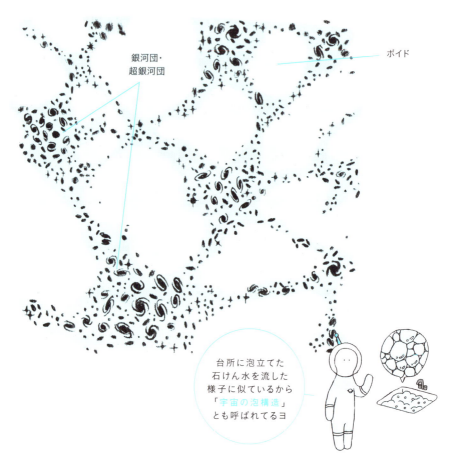

台所に泡立てた石けん水を流した様子に似ているから「宇宙の泡構造」とも呼ばれてるヨ

宇宙の大規模構造は暗黒物質が作った？

宇宙の歴史において、最初に暗黒物質が重力で集まって「構造の種」を作り、そこに後から普通の物質（星や銀河を作っている物質）が集まることで、星や銀河が生まれ、宇宙の大規模構造が作られたと考えられています。つまり、宇宙の大規模構造を作ったのは、目には見えない暗黒物質なのです。

グレートウォール

The Great Wall

グレートウォールは、地球から約2億光年離れた位置にあり、膨大な数の銀河が6億光年以上の長さに連なってできた「壁」のような構造です。宇宙の中でこれまでに知られているもっとも大きな構造物の1つです。

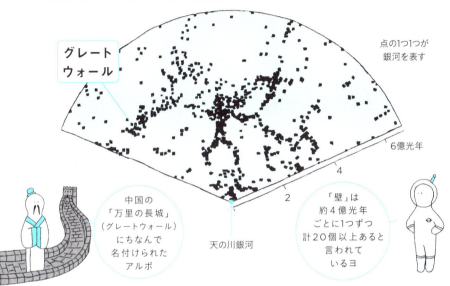

点の1つ1つが銀河を表す

中国の「万里の長城」（グレートウォール）にちなんで名付けられたアルポ

「壁」は約4億光年ごとに1つずつ計20個以上あると言われているヨ

スローン・デジタル・スカイサーベイ

Sloan Digital Sky Survey

スローン・デジタル・スカイサーベイ（SDSS）は、全天の4分の1の範囲内にある銀河の地図を作る日・米・ドイツの共同プロジェクトです。アメリカ・ニューメキシコ州に設置された専用望遠鏡で、すでに1億個以上の銀河を検出し、3次元的な銀河の分布図を作っています。

宇宙の地図作りがどんどん進んでいるんダ

第5章 天の川銀河と銀河宇宙　223

Ia型超新星

いちエーがたちょうしんせい、Type Ia supernova

Ia型超新星は、超新星(22ページ)のタイプの1つで、白色矮星(159ページ)が激しく爆発することで生じます。

Ia型超新星ができるしくみ

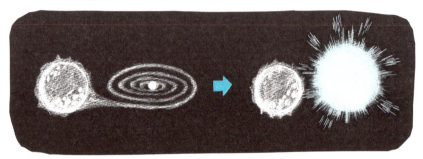

近くの星からガスが流れ込んで
白色矮星に降り積もる

白色矮星の中心部が高温になって
核融合が急激に進み
超新星爆発を起こす

※超新星のタイプは他にもIb型、Ic型、II型があり、観測されるスペクトル(182ページ)がそれぞれ違います。

Ia型超新星は「距離の物差し」になる?

Ia型超新星は「ピークの明るさが(絶対等級で)みんな同じ」だと判明しています。したがってピークの明るさが見かけ上暗いものほど、遠くにあるとわかるので、Ia型超新星が現れた銀河までの距離を測る物差しになります。

数十億光年先の
銀河までの
距離を測るのに
Ia型超新星が
使われるゾ

暗い=遠い

明るい=近い

タリー・フィッシャー関係

タリー・フィッシャーかんけい、Tully-Fisher relation

タリー・フィッシャー関係は、「渦巻銀河の絶対光度は、銀河の回転速度の4乗に比例する」という関係則のことです。この関係を使って、遠方の渦巻銀河までの距離を求めることができます。

渦巻銀河の回転速度から銀河の絶対光度を割り出せば見かけの光度との比較で距離がわかるネ

Ia型超新星と同じく数十億光年先にある銀河までの距離を測れるゾ

「宇宙の距離はしご」ってなに？

年周視差（170ページ）、HR図（154ページ）、セファイド変光星（174ページ）、そしてIa型超新星やタリー・フィッシャー関係と、距離の近い天体から遠い天体へはしごを1つ1つかけながら距離を測定していくことを**「宇宙の距離はしご」**といいます。

はしごをいくつもかけていくんだ

第5章 天の川銀河と銀河宇宙　225

赤方偏移

せきほうへんい、Redshift

赤方偏移とは、地球から遠ざかる天体からの光の波長が引き伸ばされて観測される現象のことです。太陽がおもに出している黄色い光を中心に考えると、赤い光はそれより波長が長いため、赤い光のほうへ移ることからこう呼びます。

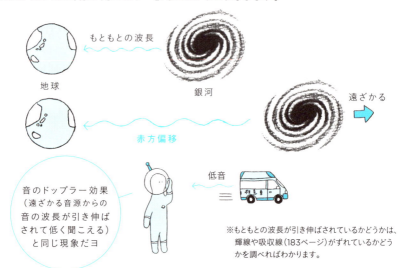

音のドップラー効果（遠ざかる音源からの音の波長が引き伸ばされて低く聞こえる）と同じ現象だヨ

※もともとの波長が引き伸ばされているかどうかは、輝線や吸収線（183ページ）がずれているかどうかを調べればわかります。

超遠方の銀河までの距離は赤方偏移で調べる

宇宙は膨張している（232ページ）ので、遠くの銀河ほど地球から速い速度で遠ざかるように観測されます。したがって、銀河の後退速度から銀河までの距離を推定できます。速く遠ざかるほど、その銀河からの光は大きく引き伸ばされるので、銀河からの光の赤方偏移の度合いを調べれば距離がわかるのです。

赤方偏移の大きさは波長が2倍に伸びたら「1」3倍に伸びたら「2」と定義するのデアルよ

赤方偏移	距離（※）
0.1	約12億光年
0.5	約50億光年
1	約80億光年
2	約105億光年

※10億光年を超えるような「宇宙論的な距離」の場合、距離の定義の方法は「光度距離」や「共動距離」などいくつかあり、同じ赤方偏移の値に対して、それぞれの距離の値が違います。したがって距離（光年）には換算せず、赤方偏移の値や、赤方偏移に対応する宇宙年齢で表現するのが一般的です。上記の距離の値はあくまで目安の1つとして理解してください。

クェーサー
Quasar

クェーサーは、恒星のように「点」状にしか見えないのに、数十億光年以上も遠くにあって、強い光や電波を放つ天体です。日本語で「準恒星状天体」とも呼ばれます。クェーサーという語は「準恒星状（quasi-stellar）」という言葉の短縮形です。

クェーサーの正体はなに？

クェーサーの正体は、超遠方にある若い銀河の中心部（活動銀河核といいます）だと考えられています。銀河の中心部には超巨大なブラックホールがあり、その周囲から強力な光や電波が放出されていると思われます。

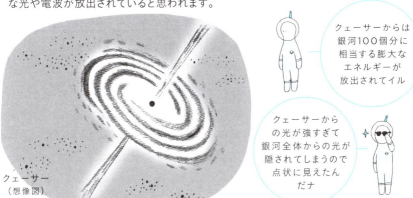

クェーサー
（想像図）

第5章 天の川銀河と銀河宇宙　227

宇宙にまつわる哲学者＆科学者

09 ハーシェル

1738 - 1822

ドイツ出身のイギリスの天文学者ハーシェルは
作曲家やオルガン奏者として活躍しながら
次第に趣味の天体観測に没頭していきました
新しい惑星である天王星（96ページ）を発見したり
星々の詳細な分布を調べて太陽系を取り巻く
星の大集団すなわち天の川銀河（199ページ）の姿を
描きだしたりしました
赤外線（284ページ）を発見したのもハーシェルです

10 アインシュタイン

1879 - 1955

ドイツに生まれた物理学者アインシュタインは
26歳の若さで特殊相対性理論（272ページ）を
発表して物理学の常識を覆しました
その後10年かけて新しい重力理論である
一般相対性理論（274ページ）を完成させました
ビッグバン理論（236ページ）も重力波（288ページ）も
重力レンズ（218ページ）も一般相対性理論に基づいて
いることからもアインシュタインの偉大さがわかります

宇宙論

うちゅうろん、Cosmology

宇宙論とは、天文学の一分野であり、宇宙全体の構造や運動、そして宇宙の歴史や起源について研究します。「宇宙には果てがあるのか」や「宇宙には始まりや終わりがあるのか」といった、宇宙全体の問題を取り扱うのが宇宙論です。

キリスト教が説く「天地創造」

古事記の「国生み神話」

ヒンドゥー教の「宇宙創造の太鼓」

宗教や神話の中で語られてきた宇宙＝この世界の成り立ちについて科学の言葉で説明するのが現代宇宙論だヨ

オルバースのパラドックス

Olbers' paradox

オルバースのパラドックスとは、19世紀のドイツの天文学者オルバースが唱えたパラドックス（矛盾）です。オルバースは「夜空の星が太陽と同じ明るさを持ち、しかも無限に広い宇宙の中で星がほぼ均等に分布しているなら、夜空は無数の星で埋め尽くされて、昼よりも明るくなるはずだ」と主張しました。

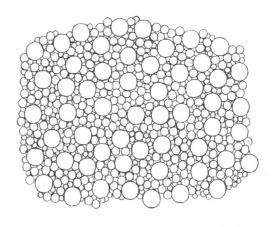

オルバース

※星の見かけの明るさは距離の2乗に反比例して減りますが、一方で宇宙の中に星が均等に分布するなら、星の数は距離の3乗に比例して増えるので、遠くの星は暗くても数がどんどん増えていき、光の総量は増えていくことになります。

パラドックスの解決方法は？

次ページ以降でくわしく説明するように、私たちの住む宇宙は膨張しています。ということは、かつての宇宙は小さく収縮していた、つまり宇宙には「始まり」があったことになります。したがって、宇宙が始まってから現在までの時間は有限であるため、私たちは近くの星しか見られない（遠くの星の光はまだ地球に届いていない）ので、夜空は暗いことになります。さらに、宇宙膨張による赤方偏移（226ページ）によって、遠くの星の光（可視光）の波長は赤外線領域まで引き伸ばされて、人間の目には見えなくなるので、夜空は暗くなるのです。

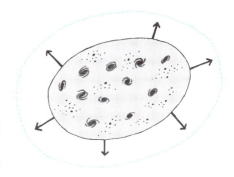

宇宙膨張

うちゅうぼうちょう、Expanding universe

宇宙膨張とは、私たちの宇宙が膨張する、大きくなっていくということです。宇宙の「端」だけがどんどん広がっているのではなく、風船が膨らむように、宇宙全体（＝私たちの住む空間全体）がどんどん大きくなっているのです。

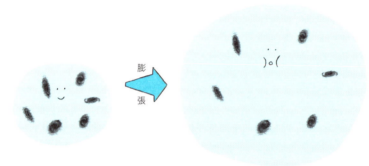

宇宙が膨張すると、太陽と地球は離れていくの？

地球は太陽の重力で強く引かれているので、地球・太陽間の距離は宇宙膨張によって変化しません。天の川銀河内の星同士も、重力で引きつけ合っているので宇宙の膨張による影響を受けません。これに対して、遠く離れた銀河と銀河は、宇宙膨張によってお互いに離れていきます。

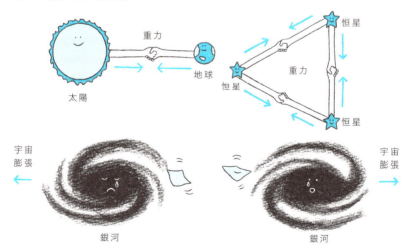

※同じ銀河団（31ページ）内の銀河同士は、お互いの重力によって引き合う力のほうが勝っています。しかし別の銀河団に属する銀河とは、宇宙膨張によって次第に遠ざかっていきます。

アインシュタインの静止宇宙モデル

アインシュタインのせいしうちゅうモデル、Einstein's static universe

アインシュタインの静止宇宙モデルとは、アインシュタイン（228ページ）が1917年に発表した宇宙モデルです。彼は、宇宙は銀河や銀河団などの重力によって収縮しようとするが、宇宙空間が未知の反発力を持っているので、両者がつり合って宇宙は同じ大きさを保つ（静止している）と主張しました。

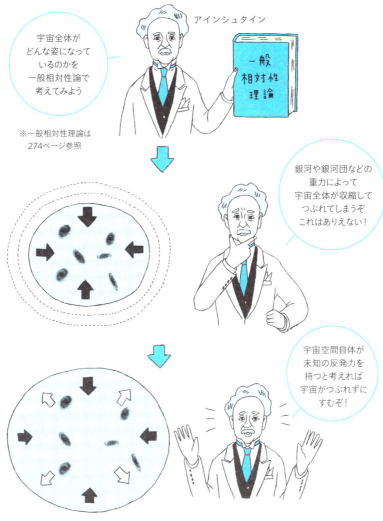

※アインシュタインの時代（20世紀初め）、宇宙は膨張したり収縮したりしないで、永遠に同じ大きさを保っていると考えられていました。

第6章 宇宙の歴史

ハッブルの法則

ハッブルのほうそく、Hubble's law

ハッブルの法則とは、アメリカの天文学者ハッブル（254ページ）が発見した「銀河の後退速度は、銀河までの距離に比例する」という法則です。この法則の発見によって、宇宙が膨張していることが確かめられました。

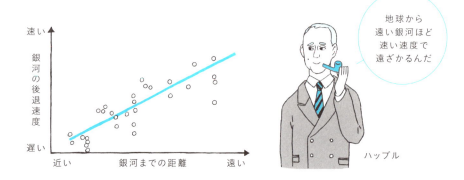

なぜハッブルの法則が宇宙の膨張の証拠になる？

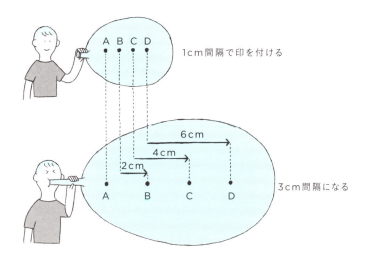

風船を膨らませると、どの印から見ても、自分から遠くにある印ほど大きく（速く）遠ざかります。これと同じで、遠くの銀河ほど速い速度で遠ざかるのは、銀河が存在している宇宙自体が風船のように膨張しているためだとわかるのです。

アインシュタインは間違っていなかった?

アインシュタインはハッブルの法則の発見を知って、宇宙膨張の事実を認め、宇宙の大きさは不変だとした自説を撤回しました。ですが、近年の観測によると、宇宙は「未知の反発力」を持つことが明らかになっています(245ページ)。

宇宙空間が未知の反発力を持つと考えたのは生涯の不覚だ…

ハッブル定数
ハッブルていすう、Hubble constant

ハッブル定数とは、ハッブルの法則における宇宙の膨張速度(膨張率)を表す比例定数のことです。

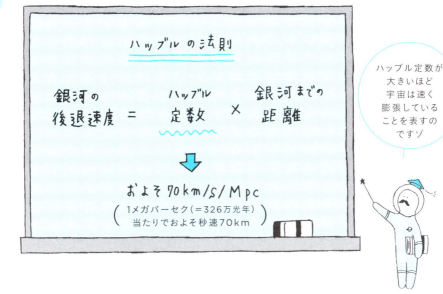

ハッブル定数が大きいほど宇宙は速く膨張していることを表すのですゾ

※ハッブル定数の値は、さまざまな観測ごとに異なります。ハッブル定数の値を精度良く決めることは、現代宇宙論における重要なテーマでもあります。

ビッグバン理論

ビッグバンりろん、Big bang theory

ビッグバン理論とは、宇宙は昔、超高温で超高密度の「小さな火の玉」であり、それが膨張を続けて、現在の冷たくて広大な宇宙になったと考える膨張宇宙論です。ロシア出身の物理学者ガモフ（254ページ）らが1948年に唱えました。

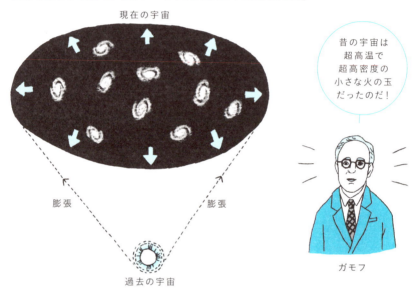

初期宇宙は「核融合炉」だった？

宇宙には、水素やヘリウムなどの軽い元素が多く存在しています。こうした軽い元素は、超高温・超高密度の初期宇宙において、核融合（40ページ）によって作られたとガモフたちは考えました。

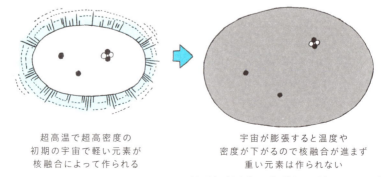

※ヘリウムよりも重い元素が作られる過程は257ページ参照。

ビッグバン理論という名前は反対者がつけた?

ビッグバン理論という名前は、イギリスの物理学者ホイルが揶揄して呼んだものが由来になっています。宇宙に「始まり」があると考えるビッグバン理論は、伝統的な宇宙観に反していたので、当初は支持する科学者は少数でした。

定常宇宙論

ていじょううちゅうろん。Steady state cosmology

定常宇宙論は、ホイルらが1948年に唱えた宇宙論です。宇宙は膨張しているが、真空から銀河(物質)が生まれて、膨張によってできたすき間を埋めるので、宇宙は一定の密度や温度を保つと彼らは主張し、宇宙に始まりがあるとするビッグバン理論に対抗しました。

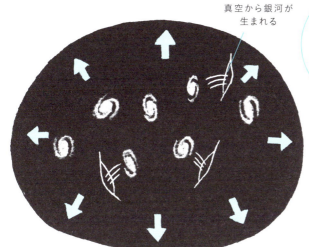

第6章 宇宙の歴史 237

宇宙マイクロ波背景放射

うちゅうマイクロははいけいほうしゃ、Cosmic microwave background

宇宙マイクロ波背景放射（宇宙背景放射とも）は、宇宙の全方向から24時間絶え間なくやって来る同じ波長・同じ強度のマイクロ波（電波の一種）です。1964年にアメリカの通信会社の技術者ペンジアスとウィルソンが偶然発見しました。

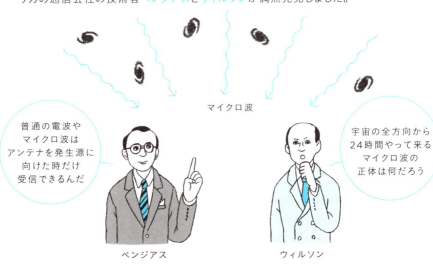

謎のマイクロ波の正体は「ビッグバンの名残の光」だった！

ビッグバン理論を唱えたガモフは、昔の超高温の宇宙全体が放っていた光は、その後の宇宙膨張によって波長が伸びて、現在の宇宙には電波やマイクロ波として残っているだろうと予言していました。ペンジアスとウィルソンが見つけたのはこのマイクロ波であり、ビッグバンの名残の光だったのです。

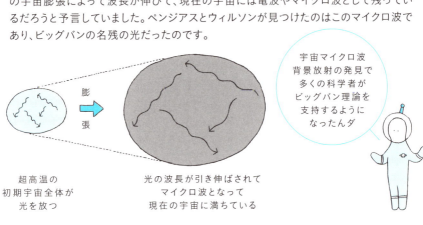

宇宙の晴れ上がり

うちゅうのはれあがり、Recombination

宇宙の晴れ上がりとは、誕生以来「不透明」だった超高温の宇宙が、膨張によって温度が下がったために「透明」になって、光が直進できるようになった状態のことです。宇宙誕生後、約38万年が経ったときのことであり、このときに生まれた「直進する光」が、宇宙マイクロ波背景放射のもととなりました。

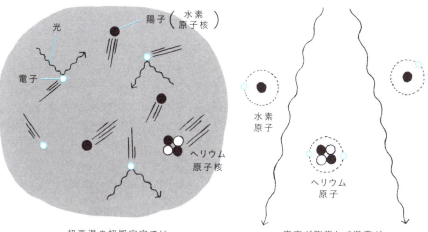

超高温の初期宇宙では
電子が原子核から離れて
自由に動き回っている
（プラズマ状態）
光は電子にぶつかって直進できず
宇宙は「不透明」である

宇宙が膨張して温度が
絶対温度3000度に下がると
原子核と電子が結びついて
原子になる
すると光は電子にぶつからずに
直進できるようになる

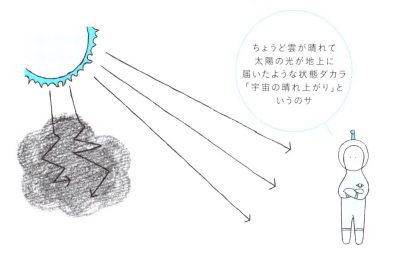

ちょうど雲が晴れて
太陽の光が地上に
届いたような状態ダカラ
「宇宙の晴れ上がり」と
いうのサ

第6章 宇宙の歴史

インフレーション理論

インフレーションりろん、Inflation theory

インフレーション理論は、宇宙が生まれた直後に一瞬にして何十桁も大きくなる急膨張（インフレーション）を遂げたとする理論です。1980年に日本の佐藤勝彦とアメリカのグースがそれぞれ独自に提唱しました。

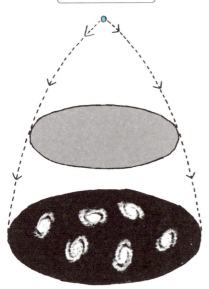

従来の考え方

宇宙はゆるやかな減速膨張（膨張の割合が小さくなる膨張）を続けてきた

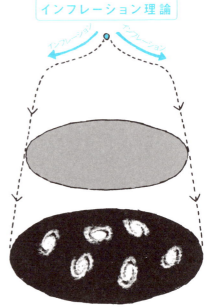

インフレーション理論

宇宙は生まれた直後に急激な加速膨張（膨張の割合が大きくなる膨張）を行い、その後減速膨張に転じた

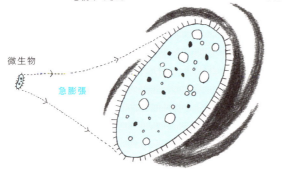

微生物が一瞬で銀河サイズになってしまうほどのものスゴい急膨張が起きたゾ

※ただし急膨張前の宇宙の大きさは素粒子よりもずっと小さかったので、インフレーション終了後の宇宙は数十cmほどの大きさだったと考えられています。

インフレーション理論が難題を解決した

宇宙の曲率（250ページ）はなぜほぼゼロなのかという「平坦性問題」や、情報のやりとりができないほど離れた宇宙の領域同士がなぜ同じ性質を持つのかという「地平線問題」など、当時の宇宙論はビッグバン理論だけでは説明できない謎を多く抱えていました。インフレーション理論は、これらの難題をことごとく解決することに成功しました。

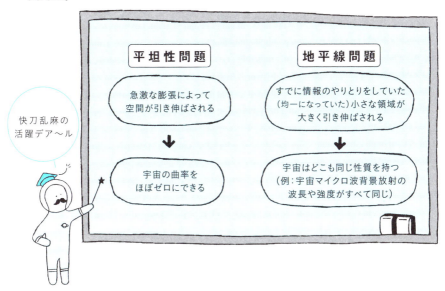

インフレーションがビッグバンの原因だった！

インフレーションが終わると、宇宙を加速膨張させていたエネルギーは膨大な熱エネルギーとなって、宇宙を超高温に加熱したと考えられています。つまりインフレーション（の終了）によって、宇宙はビッグバンを起こしたのです。

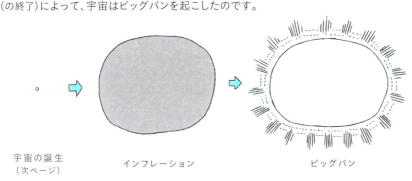

※ビッグバンという言葉は「宇宙の始まり」を指す場合もありますが、現代宇宙論では宇宙は生まれた直後にインフレーションを起こし、インフレーションが終わると超高温に加熱された（すなわちビッグバンが起きた）と考えています。

無からの宇宙創生

むからのうちゅうそうせい、Quantum creation of the universe from a quantum vacuum

無からの宇宙創生は、宇宙が量子論（ミクロの世界の不思議な物理法則を扱う理論→276ページ）的な「無」から生まれたとする仮説です。ウクライナ出身の**ビレンケン**が1982年に発表しました。

量子論における「無」

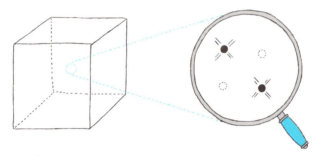

私たちが考える（マクロの世界における）「真空」や「無」とは物質が何もない空っぽの状態である

ミクロのレベルで見ると仮想的な微粒子が生まれたり消えたりしている（有と無の間を揺らいでいる）

ビレンケンが語る「宇宙の創生」

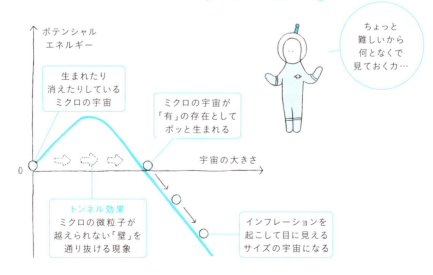

ちょっと難しいから何となくで見ておくカ…

ポテンシャルエネルギー

生まれたり消えたりしているミクロの宇宙

ミクロの宇宙が「有」の存在としてポッと生まれる

宇宙の大きさ

トンネル効果
ミクロの微粒子が越えられない「壁」を通り抜ける現象

インフレーションを起こして目に見えるサイズの宇宙になる

無境界仮説
むきょうかいかせつ、Hartle-Hawking boundary condition

無境界仮説(ハートル-ホーキングの境界条件)は、宇宙が「1点」からではなく「つるつる」の状態から始まったとする仮説です。アメリカのハートルやイギリスのホーキングが1982年に発表しました。

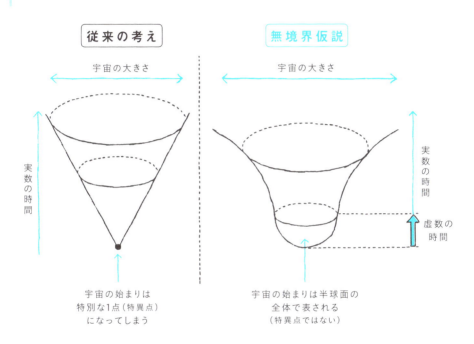

※特異点(168ページ)では温度や密度や無限大になり、あらゆる物理法則が破綻してしまうので、宇宙が特異点から始まるのはあり得ないことでした。

宇宙の始まりはまだ分からないことだらけなのダ 多くの研究者が宇宙の始まりの謎に挑んでいるゾ

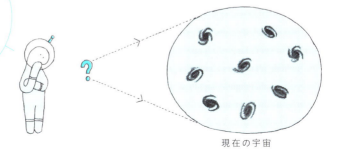

第6章 宇宙の歴史 243

宇宙の加速膨張

うちゅうのかそくぼうちょう、Accelerating universe

宇宙の加速膨張は、宇宙の膨張が加速していることで、1998年に発見されました。宇宙の膨張は、銀河など宇宙の内部の物質が及ぼす重力のためにブレーキがかかり、減速していると考えられていたので、加速膨張の発見は衝撃的でした。

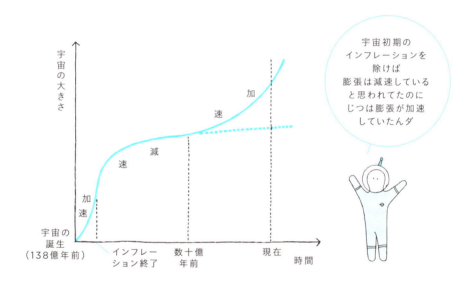

上空に投げたボールが加速して上昇する？

もし、上空に投げたボールが地面に落ちてこないで、逆に途中から急に加速して上昇を続けたら、びっくりします。宇宙の加速膨張もこれと同じで、膨張が減速しないで逆に加速するという、ありえないことが起きているのです。

暗黒エネルギー

あんこくエネルギー、Dark energy

暗黒エネルギー（ダークエネルギー）は、宇宙を加速膨張させている「犯人」とされる、斥力（反発力）を及ぼす未知のエネルギーです。その正体は、まだ何もわかっていません。

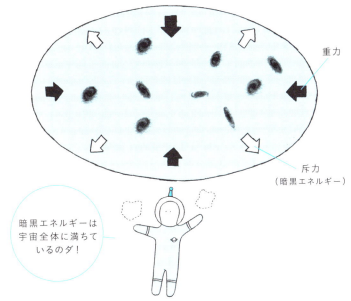

重力
斥力（暗黒エネルギー）

暗黒エネルギーは宇宙全体に満ちているのダ！

宇宙の95％は正体不明！

宇宙の構成要素のうち、バリオン（陽子や中性子など）でできた物質はたった5％しかありません。残りは暗黒物質（216ページ）と暗黒エネルギーという、私たちが正体をまだ知らない物質やエネルギーでできています。

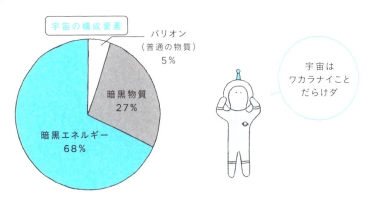

宇宙の構成要素
- バリオン（普通の物質） 5％
- 暗黒物質 27％
- 暗黒エネルギー 68％

宇宙はワカラナイことだらけダ

第6章 宇宙の歴史　245

ブレーン宇宙モデル

ブレーンうちゅうモデル、Brane cosmology

ブレーン宇宙モデル（膜宇宙モデル）は、私たちが認識している4次元時空（3次元空間+1次元時間）の宇宙は、より高次元の時空の中を漂う膜（**ブレーン**）のような存在なのではないかと考える、まったく新しい宇宙モデルです。

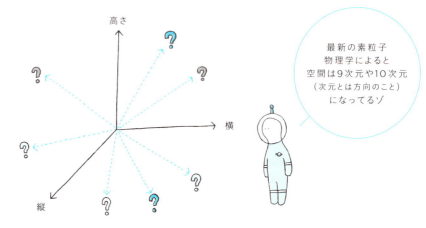

最新の素粒子物理学によると空間は9次元や10次元（次元とは方向のこと）になってるゾ

なぜ私たちは3次元空間しか認識できない？

漫画の登場人物は2次元の世界に閉じこめられているよネ

同じように私たちの体や銀河そして宇宙全体が3次元の「ブレーン」に閉じこめられているのダ！

ブレーン（膜宇宙）

※ブレーンとは「薄膜」を意味するメンブレーン（membrane）から作られた用語です。脳（brain）と関係はありません。

重力だけがブレーンを抜け出せる?

私たちは3次元のブレーン内を移動できますが、ブレーンを離れてその他の見えない次元(余剰次元といいます)の方向に進むことはできません。しかし、重力だけはブレーンを離れて、余剰次元に伝わることができるとされています。

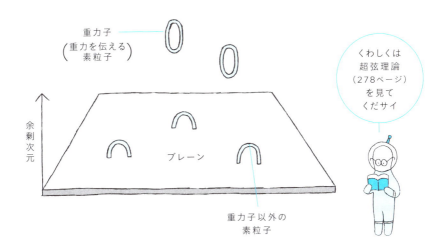

「重力波」で余剰次元の存在を確かめる?

超新星の際には重力波(時空のゆがみを伝える波、288ページ)が発生します。重力波も余剰次元を伝わるので、重力波をくわしく観測すれば、余剰次元の存在を確かめられるかもしれません。

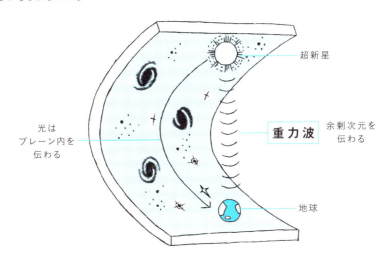

第6章 宇宙の歴史 247

マルチバース
Multiverse

マルチバースは「複数の宇宙」を意味する造語です。宇宙は私たちが住んでいるものだけではなく、複数存在していると考える新たな宇宙像が、近年研究者の間で広まりつつあります。

宇宙の数は10の200乗や10の500乗もあると唱える研究者もいるヨ

ブレーン宇宙モデルが考えるマルチバース

私たちが認識できない余剰次元が小さく丸まって絡みついた高次元時空（カラビ-ヤウ多様体）からスロート（喉の意味）が伸びて、私たちの宇宙（膜宇宙）と接しています。さらに高次元時空からは何本ものスロートが伸びて、別の膜宇宙と接しています。

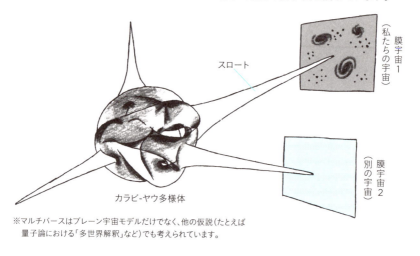

※マルチバースはブレーン宇宙モデルだけでなく、他の仮説（たとえば量子論における「多世界解釈」など）でも考えられています。

エキピロティック宇宙モデル

エキピロティックうちゅうモデル、Ekpyrotic universe

エキピロティック宇宙モデルは、同じスロートに複数の膜宇宙が接している場合に、膜宇宙同士が衝突、跳ね返り、膨張、そして再び衝突というサイクルをくり返しているとする仮説です。アメリカの**スタインハート**らが唱えています。

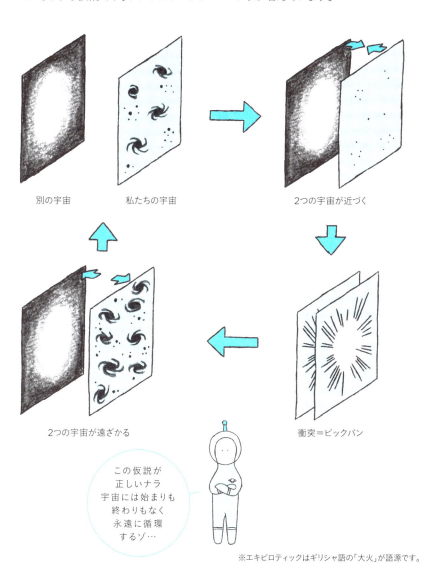

別の宇宙 　私たちの宇宙　　　　　　　　　2つの宇宙が近づく

2つの宇宙が遠ざかる　　　　　　　　　　衝突＝ビックバン

この仮説が正しいナラ宇宙には始まりも終わりもなく永遠に循環するゾ…

※エキピロティックはギリシャ語の「大火」が語源です。

第6章 宇宙の歴史

宇宙の曲率

うちゅうのきょくりつ、Curvature of the universe

宇宙の曲率とは、宇宙(時空)の「曲がり具合」を示す値です。曲率の値は、宇宙の内部に物質やエネルギーがどれだけあるかによって決まります。

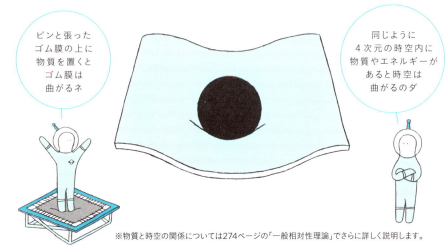

※物質と時空の関係については274ページの「一般相対性理論」でさらに詳しく説明します。

宇宙の曲率と「臨界量」

宇宙に存在する物質とエネルギーが、ある数値(**臨界量**といいます)より多いと、宇宙の曲率はプラスの値になります。臨界量よりも少ない場合は、曲率はマイナスの値になり、臨界量と同じであれば、曲率はゼロになります。

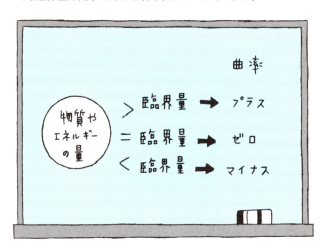

宇宙には「平ら」「閉じる」「開く」の3つの形がある？

曲率がゼロである宇宙を「平坦な宇宙」といいます。平坦な宇宙は、2次元に置き換えると「平面」に相当します。曲率がプラスの宇宙とマイナスの宇宙は、それぞれ「閉じた宇宙」「開いた宇宙」といいます。やはり2次元に置き換えると、閉じた宇宙は「球面」に相当し、開いた宇宙は「馬の鞍」に似たようなものになります。

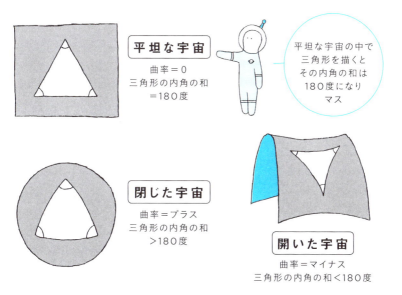

宇宙の曲率は宇宙の未来に影響を与える？

閉じた宇宙の場合、宇宙に存在する物質やエネルギーの重力によって、宇宙の膨張はやがて止まり、逆に収縮を始めます。一方、平坦な宇宙や開いた宇宙では、物質やエネルギーの重力は宇宙の膨張を止められず、宇宙は膨張を続けます。

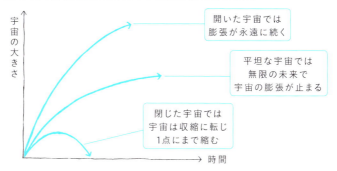

※上記は暗黒エネルギーの存在を考慮しない、単純なモデルの場合のイメージです。

ビッグクランチ
Big crunch

ビッグクランチとは、宇宙の終わりの形態についての仮説の1つです。宇宙の膨張がやがて止まり、収縮に転じた場合、宇宙は最終的に1点に潰れてしまいます。これをビッグクランチといいます。

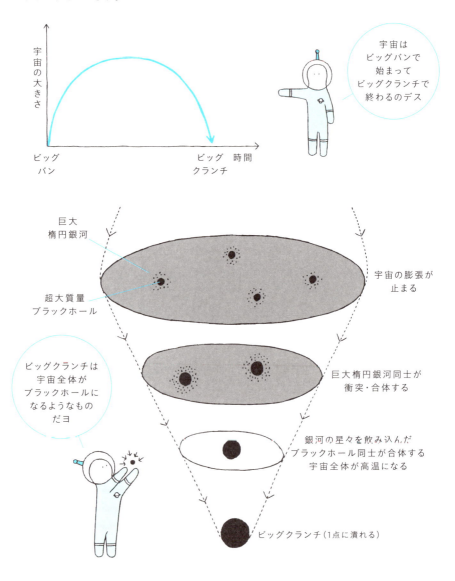

ビッグリップ
Big rip

ビッグリップも、宇宙の終わりについての仮説の1つです。宇宙の膨張速度が急激に速くなり、銀河も星も私たちの体も、あらゆる物質が引き裂かれて素粒子になるという破局的な最後を迎えるのがビッグリップです。

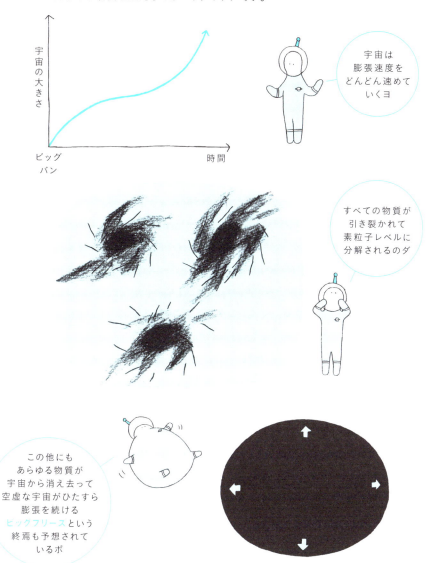

宇宙は膨張速度をどんどん速めていくヨ

すべての物質が引き裂かれて素粒子レベルに分解されるのダ

この他にもあらゆる物質が宇宙から消え去って空虚な宇宙がひたすら膨張を続ける**ビッグフリーズ**という終焉も予想されているポ

宇宙にまつわる哲学者&科学者

11 ハッブル

1889 - 1953

アメリカの天文学者ハッブルは
当時の世界最大口径を誇った2.5m反射望遠鏡で
アンドロメダ大星雲(209ページ)を観測して
これがじつは天の川銀河の外にある別の銀河で
あることを明らかにしました
さらに多数の銀河までの距離と運動を観測して
ハッブルの法則(234ページ)を発見しました
これが宇宙膨張(232ページ)の証拠となったのです

12 ガモフ

1904 - 1968

ロシア生まれのアメリカの物理学者ガモフは
宇宙には水素やヘリウムなどの軽い元素が
多く存在している理由を考えた末に
「超高温・超高密度の初期宇宙において
核融合によって軽い元素ができた」
とするビッグバン理論を提唱しました
ガモフが予言した宇宙マイクロ波背景放射(238ページ)
が見つかってビッグバン理論は正しさを認められました

元素

げんそ、Element

私たちの身の回りには、さまざまな種類の物質があります。これらは少数の「基本成分」の組み合わせでできています。この基本成分のことを元素といいます。元素は全部で100種類ほどあります。

宇宙にはどんな元素が多い？

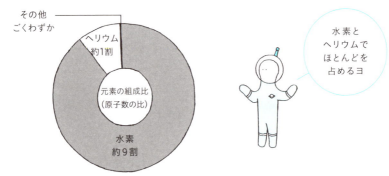

さまざまな元素はどのように誕生した？

もっとも軽い元素である水素と2番目に軽いヘリウム、そして3番目に軽いリチウムの一部は、誕生直後の超高温の初期宇宙の中で生まれました（236ページ）。残りのリチウムから鉄までの元素は、恒星の内部の核融合によって作られました（162ページ）。鉄よりも重い元素は、以前は超新星爆発の際に作られると考えられていましたが、最近は中性子星（24ページ）同士の合体でできるという説も有力です。

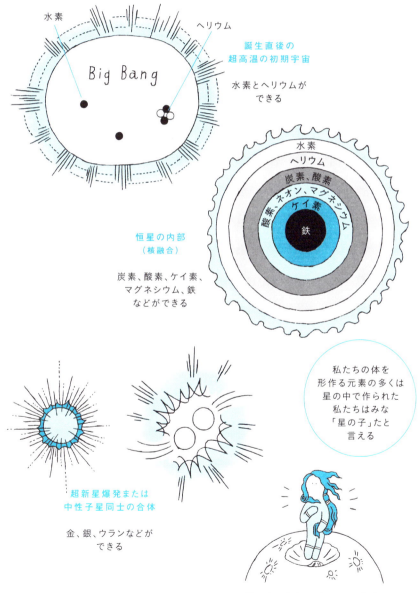

原子

げんし、Atom

原子とは、物質の「最小単位」となる微粒子のことです。
元素はあらゆる物質の元となる「基本成分」ですが、その実体が原子です。

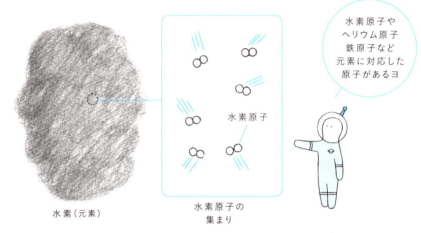

水素原子や
ヘリウム原子
鉄原子など
元素に対応した
原子があるヨ

水素（元素）

水素原子の集まり

※実際には2つの水素原子が結びついて水素分子になっている。

水素原子1個の大きさは約1億分の1cm！

水素原子

1億分の1cm

分子

ぶんし、Molecule

分子とは、原子がつながったもので、各物質の性質を持つ最小単位の粒子のことです。たとえば水分子は、酸素原子1つと水素原子2つでできています。水分子は水の性質を示しますが、これを酸素原子と水素原子に分けると、水としての性質を失います。つまり、水の最小単位となる粒子が水分子です。

陽子／中性子／電子

ようし／ちゅうせいし／でんし。Proton／Neutron／Electron

原子は、中心にプラスの電気（電荷という）を持つ原子核があり、外側をマイナスの電荷を持つ電子が回るという構造になっています。原子核は、プラスの電荷を持つ陽子と、電荷を持たない中性子が集まってできています。電子の数と陽子の数はどの原子でも同じなので、原子全体は電気的に中性になっています。

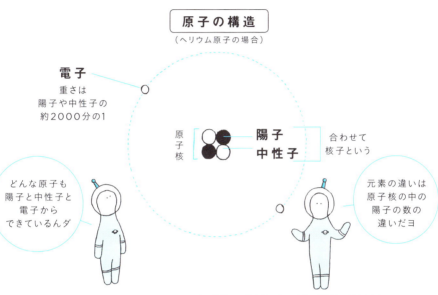

※上の構造図は模式的であり、実際の構造とは異なります。

同位体

どういたい。Isotope

同位体とは、同じ元素（同じ陽子数）であるものの、原子核中の中性子の数が異なるもののことです。中性子の数が違うので、重さが違いますが、化学的な性質には違いがありません。

第7章　宇宙にまつわる基礎用語

クォーク

Quark

クォークは、陽子や中性子などを構成する素粒子（究極の微粒子）です。クォークにはいくつかの種類があり、陽子はアップクォーク2つとダウンクォーク1つから、中性子はアップクォーク1つとダウンクォーク2つからできています。

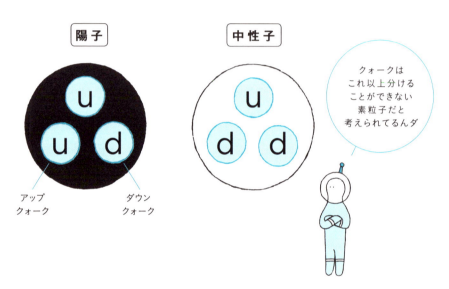

クォークはこれ以上分けることができない素粒子だと考えられてるンダ

クォークは何種類ある？

クォークには6種類あることがわかっています。質量の軽いものから2種類ずつ、第1世代、第2世代、第3世代のクォークと分類しています。

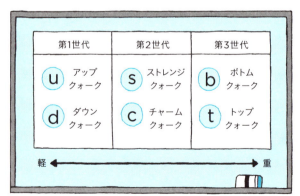

身の回りで目にする物質のほとんどは第1世代のクォークでできているゾ

ニュートリノ

Neutrino

ニュートリノは素粒子の1つで、電荷をもたない(ニュートラル)ことから名づけられました。非常に軽く、他の物質と反応しないので、何でも通り抜けてしまう幽霊のような素粒子です。

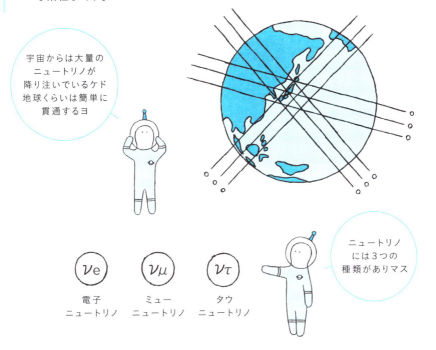

宇宙からは大量のニュートリノが降り注いでいるケド地球くらいは簡単に貫通するヨ

ニュートリノには3つの種類がありマス

ν_e 電子ニュートリノ　ν_μ ミューニュートリノ　ν_τ タウニュートリノ

ニュートリノが「変身」する?

かつて、ニュートリノは質量0の素粒子だと考えられていました。しかし、ニュートリノが質量を持つことを示す証拠(ニュートリノ振動という現象)が、スーパーカミオカンデ(167ページのカミオカンデの後継機)を使った実験で発見され、それまでの常識がくつがえったのです。

ニュートリノ振動
飛行中のニュートリノの種類が変わる現象

実験を率いたリーダーの1人である梶田隆章先生は2015年のノーベル物理学賞を受賞したゾ

第7章 宇宙にまつわる基礎用語

反粒子／反物質

はんりゅうし／はんぶっしつ、Antiparticle／Antimatter

反粒子とは、ある粒子と質量が同じで、電荷が反対符号になっているものです。あらゆる素粒子には、対応する反粒子が存在します。反粒子でできた物質を**反物質**といいます。反粒子や反物質は私たちの身の回りにはほとんど存在しませんが、加速器（270ページ）で人工的に作り出すことができます。

※反陽子や反中性子は3つの反クォーク（クォークの反粒子）からできています。中性子も反中性子も電荷ゼロの粒子だが、反中性子は反クォークからできているので、中性子の反粒子となります。

粒子と反粒子がぶつかるとどうなる？

反粒子はどこへ消えた？

ビッグバン直後の超高温の初期宇宙では、高エネルギーの光同士が衝突して粒子と反粒子が同じ数だけ対生成され、できた粒子と反粒子がぶつかって対消滅することをくり返していたと考えられています。しかし、現在の宇宙には、粒子でできた物質しか見当たりません。

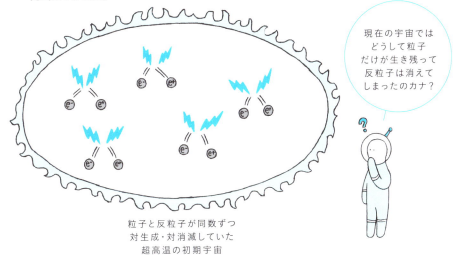

粒子と反粒子が同数ずつ
対生成・対消滅していた
超高温の初期宇宙

現在の宇宙ではどうして粒子だけが生き残って反粒子は消えてしまったのカナ？

小林・益川理論
こばやし・ますかわりろん、Kobayashi-Masukawa model

1973年、当時京都大学にいた小林誠と益川敏英は、当時は3種類しか知られていなかったクォークが6種類存在するはずだと予想し、そうであれば初期宇宙において粒子の数が少しだけ反粒子の数を上回り、結果的に粒子だけが生き残る可能性があることを示しました。これを小林・益川理論といいます。2人は2009年にノーベル物理学賞を受賞しました。

益川敏英

小林誠

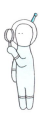

消えた反粒子の謎は完全には解明されてなくて現在も研究が続いていマス

4つの力

4つのちから、Four fundamental forces of nature

4つの力(基本相互作用とも)は、素粒子の間に働く4種類の基本的な力(相互作用)であり、**重力**、**電磁気力**、**強い力**、**弱い力**のことです。自然界に存在する力はすべて、元をただせば4つの力のどれかに該当します。

重力

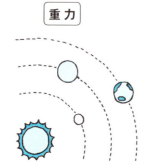

あらゆる物質の間に働く引力
…惑星の公転運動は太陽の重力によって起こる

電磁気力

電気や磁気による力
…物質の化学反応も電磁気力によって起こる

強い力

陽子　　　　　　　中性子

原子核内で陽子や中性子を
固く結びつける力
(正確にはクォークの間で働く力)

弱い力

電子

中性子　→　陽子

(ベータ崩壊という現象)

ニュートリノ

素粒子を壊して他の素粒子に変える力
(正確にはクォークとレプトン
(266ページ)の種類を変える力)

「強い力」や「弱い力」って変わった名前だネ!

原子核の中で働く2つの力のうち一方が強くて一方が弱いのでそう呼ばれるようになったでゴワス

力を伝えるのも素粒子の仕事？

素粒子の理論では、素粒子の間に力が働くときには、力を媒介する素粒子（まとめてボソンと総称します）が交換されていると考えます。ボソンには、4つの力に応じて、4種類の素粒子があります。

※フォトン（光子）は、光（電磁波）を素粒子として考えたものでもあります。
※ウィークボソンには2種類のWボソンとZボソンが、グルーオンにはカラー（色荷）の異なる8種類があります。

4つの力は昔、1つの力だった？

超高温の初期宇宙では、4つの力は1つの同一の力だったと考えられています。宇宙が膨張して温度が下がるにつれて、1つだった力は枝分かれしていき、4つの力になったと考えられています。

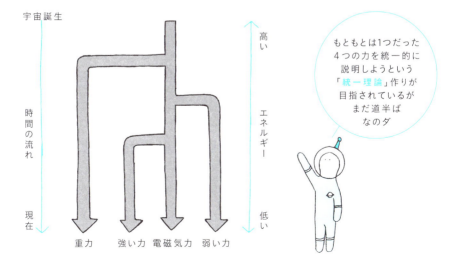

第7章 宇宙にまつわる基礎用語　265

標準理論

ひょうじゅんりろん、Standard model

標準理論とは、現代の素粒子理論において「基本的に正しい」とされている枠組みのことです。標準理論では、素粒子は物質を構成する**フェルミオン**、力を媒介するボソン（265ページ）、質量を与えるヒッグス粒子から成り立っていると考えています。

標準理論で考えられている素粒子

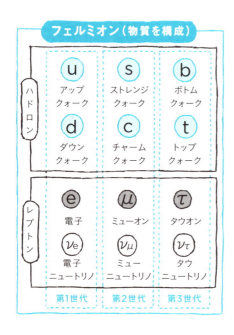

標準理論によって素粒子のことは全部わかったと言えるのカ？

標準理論では重力について十分に説明できないし暗黒物質や暗黒エネルギーの正体もわからないンダだから標準理論を乗り越える理論が求められているンヨ

ヒッグス粒子

ヒッグスりゅうし、Higgs boson

標準理論では、すべての素粒子は本来、質量がゼロであり、ヒッグス粒子の働きによって質量を持つと考えます。イギリスのヒッグスとベルギー出身のアングレールが1964年にヒッグス粒子の存在を予言し、2012年についに発見され、2人は2013年のノーベル物理学賞を受賞しました。

素粒子が質量を持つしくみ

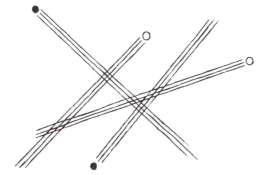

超高温の初期宇宙ではヒッグス粒子が「蒸発」していたので
あらゆる素粒子は光速で飛び回っていた

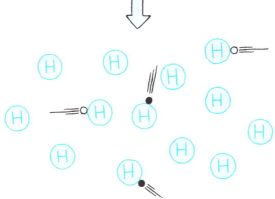

宇宙が膨張して温度が下がると空間の性質が変わり(真空の相転移といいます)
蒸発していたヒッグス粒子が空間を埋めつくすので
素粒子はヒッグス粒子の抵抗を受けて光速未満の速度になった
これは素粒子が質量を持つようになったことを意味する

※特殊相対性理論(272ページ)によると、質量を持つ粒子は光速未満の速度にしか加速できず、質量ゼロの光(フォトン)だけが光速で運動できます。つまり光速未満の速度で動く素粒子は、質量を持っていることを意味します。

超対称性粒子

ちょうたいしょうせいりゅうし、Supersymmetric particle

超対称性粒子（SUSY粒子）とは、標準理論（266ページ）では想定されていない未知の粒子です。超対称性理論によると、すべての素粒子には「相方」素粒子（超対称性パートナー）があると予想されていますが、まだ見つかっていません。

標準理論の素粒子 　　超対称性粒子

フェルミオン（通常の粒子）

クォーク

電子　　ニュートリノ
（エレクトロン）

スフェルミオン（超対称性パートナー）

スクォーク

セレクトロン　スニュートリノ

ボソン（通常の粒子）

フォトン　Wボソン　Zボソン

グルーオン　グラビトン

ボシーノ（超対称性パートナー）

フォティーノ　ウィーノ　ジーノ

グルイーノ　グラビティーノ

H
ヒッグス粒子

H̃
ヒグシーノ

「ス〜」とか「〜イーノ」といった名前がつくのが超対称性粒子なんだナ

SUSY（スージー）粒子って可愛い名前ダネ

ニュートラリーノ

Neutralino

ニュートラリーノは、超対称性粒子の1つです。ニュートラリーノは暗黒物質（216ページ）の有力な候補粒子の1つだと考えられていますが、まだ見つかっていません。

ニュートリノ（261ページ）とまぎらわしいけどまったく別の素粒子だヨ

ニュートラリーノもやっぱり何でもすり抜けるオバケのような素粒子だゾ

ニュートラリーノ
・非常に重い
・ゆっくり動く

※ニュートラリーノはジーノ、フォティーノ、中性ヒグシーノが混合した状態にある超対称性粒子です。

ニュートラリーノを捕まえるXMASS（エックスマス）という実験装置がスーパーカミオカンデ（261ページ）の近くで稼働していマス

宇宙からやって来るニュートラリーノがごくまれに液体キセノン中のキセノン原子核と衝突して光を放つ現象を検出する

第7章 宇宙にまつわる基礎用語　269

加速器

かそくき、Particle accelerator

加速器（粒子加速器）とは、電子や陽子などにエネルギーを与えて加速する装置です。素粒子の実験で使われる加速器は、ほぼ光速にまで加速した粒子同士を衝突させたりすることで、普段は目にすることがない希少な素粒子を作り出すことができます。

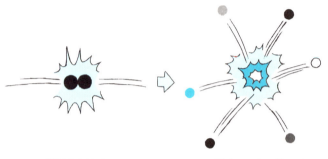

電圧をかけて
光速近くまで加速した
粒子同士をぶつける

衝突のエネルギーが
質量に変わり
素粒子が作り出される

電子ボルト

でんしボルト、Electron volt

電子ボルト（eV）は、エネルギーの単位の1つです。1電子ボルトは、電子が1ボルトの電圧で加速された時に得るエネルギーを表します。エネルギーと質量は同じものなので、素粒子の質量の単位にも電子ボルトが使われます。

電子の質量
約0.5MeV
（50万電子ボルト）

陽子の質量
約940MeV
（9億4000万電子ボルト）

ヒッグス粒子の質量
約126GeV
（1260億電子ボルト）

加速器では
高エネルギーで
粒子を衝突させる
ほど重い素粒子を
作り出せマス

※1eVは約1.8×10-33グラムに相当します。

LHC

エルエイチシー、Large Hadron Collider

LHC（大型ハドロン衝突型加速器）は、CERN（セルン、欧州合同原子核研究機構）が建設した世界最大の衝突型円形加速器の名称です。ヒッグス粒子（267ページ）を発見するなど、大きな成功を収めています。

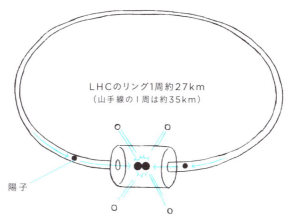

LHCのリング1周約27km
（山手線の1周は約35km）

陽子

スイス・ジュネーブ郊外の地下に建設されたLHCは
1周約27kmのリング内で超伝導磁石によって光速近くまで
加速した陽子同士を衝突させて未知の素粒子を作り出す

ヒッグス粒子を発見したLHCは今度は超対称性粒子（268ページ）などの発見を目指しているんデス

最高で14TeV（14兆電子ボルト）の超高エネルギー状態を作り出せるLHCはビッグバンの瞬間を再現する装置なのダ

第7章 宇宙にまつわる基礎用語　271

特殊相対性理論

とくしゅそうたいせいりろん、Special relativity

アインシュタインが打ち立てた相対性理論には2つの種類があります。最初に作られた特殊相対性理論は、運動すると時間や空間の尺度が変わる（時間の流れ方が遅くなったり、進行方向の長さが縮んで見える）という、従来の常識を覆す真理を明らかにしました。

高速宇宙船で宇宙旅行をすると年をとらない？

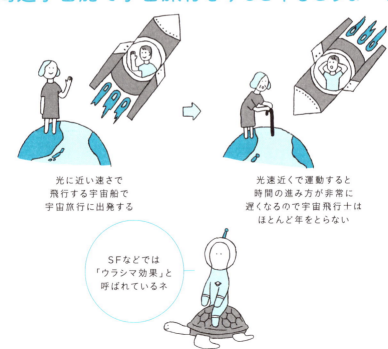

光の速度を超えることはできない？

特殊相対性理論は、光の速度はどんな速度で運動する者からも一定の速度（光速c＝秒速約30万km）に見える、という「光速度不変の原理」を土台にしています。そして、どんな運動も光速を超えることはできないと考えます。

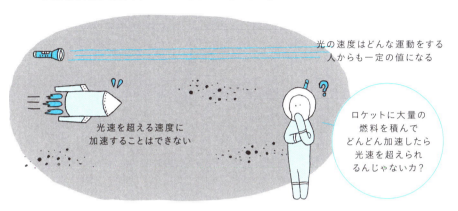

エネルギーが質量に変わってしまう？

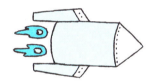

光速近くで飛行するロケットが
さらに速度を上げようと
エンジンを噴射する
（エネルギーを与える）

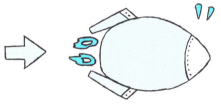

速度はほとんど上がらずに
ロケットの質量が増える
（エネルギーが質量に変わる）
そのために光速は超えられない

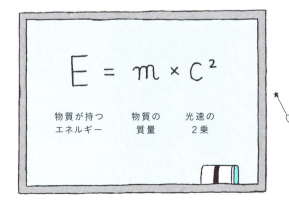

$$E = m \times c^2$$

物質が持つ　　物質の　　光速の
エネルギー　　質量　　　2乗

質量を持つ
物質の中には
巨大なエネルギーが
秘められている
のデアルぞ

第7章 宇宙にまつわる基礎用語　273

一般相対性理論

いっぱんそうたいせいりろん、General relativity

一般相対性理論は、従来の重力の理論(ニュートンの重力理論)を特殊相対性理論に合うように作り変えたものです。一般相対性理論は、物質が存在すると時空(時間と空間を一体に取り扱うもの)が曲がること、そして時空の曲がりに沿って物質が動く現象こそが、重力による運動であることを明らかにしました。

重力は時間ゼロで伝わる(つまり無限大の速さで伝わる)とされた

どんな運動も光速を超えることはない

重力の理論を作り変えよう!

物質があると時空が曲がる?

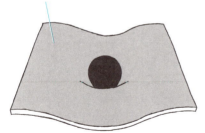

薄いゴム膜(=時空)の上にボール(=物質)を置くとゴム膜は曲がる

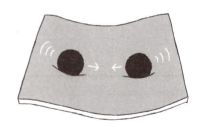

2つのボールを離して置くとボールはゴム膜の曲がりに沿って移動して互いに近づいていく

これが重力の働くしくみなんだポ

※時空の曲がり具合を表すのが曲率(250ページ)です。

重力が強いと時間の進み方が遅くなる？

一般相対性理論によると、重力が強い場所では時間の進み方が遅くなります。地球の重力は地球の中心から遠くなるほど弱くなるので、地表に置かれた時計よりも上空にある時計のほうが、時間の進み方がわずかに早くなります。

GPSは相対性理論に基づいて時間を補正している？

GPS（全地球測位システム）は、上空約2万kmを秒速約4kmで周回する複数のGPS衛星から電波を受信して、自分の現在位置を把握するシステムです。GPS衛星に積んでいる原子時計（非常に正確な時計）には、相対性理論に基づく時間の補正が施されています。

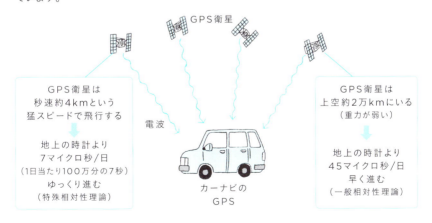

上記の2つの影響が合わさることでGPS衛星の原子時計は
地上の時計よりも38マイクロ秒/日早く進むのでそれを補正している

量子論

りょうしろん、Quantum theory

量子論は、ミクロの世界の物理法則です。ミクロの世界（原子よりも小さな世界）では、私たちの目に見えるマクロの世界とは異なる、奇妙な物理法則が支配しています。それをまとめたものが量子論です。

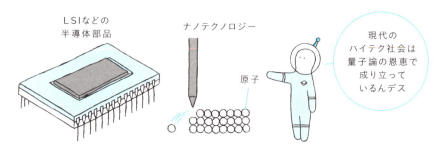

※相対性理論はアインシュタインが一人でほぼ作ったが、量子論はプランク、ボーア、ド・ブロイ、ハイゼンベルク、シュレディンガー、ボルンなど多くの物理学者によって作り上げられていった。

ミクロの物質は粒であり、波である？

ミクロの物質の未来はサイコロで決まる？

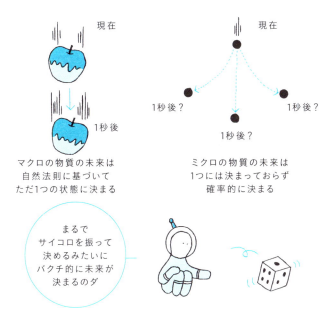

ミクロの世界ではすべてが揺らいでいる？

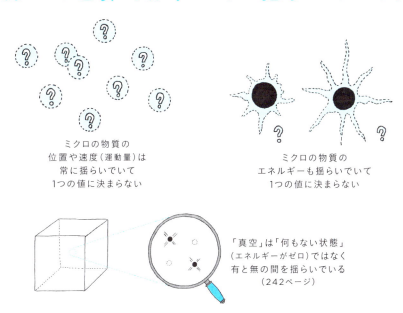

第7章 宇宙にまつわる基礎用語　277

量子重力理論

りょうしじゅうりょくりろん、Quantum gravity theory

量子重力理論は、一般相対性理論と量子論を統合した未完の理論です。「重力に量子論の考えを適用したもの」であり、「時空の量子論」であるともいえます。宇宙の始まりを解き明かすためには、量子重力理論の完成が欠かせません。

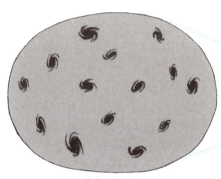

宇宙の膨張は一般相対性理論によって説明される

ミクロのサイズで生まれた宇宙を理解するには一般相対性理論＋量子論の量子重力理論が必要となる

超弦理論

ちょうげんりろん、Superstring theory

超弦理論（超ひも理論とも）は、量子重力理論の有力な候補の1つです。「弦理論」と超対称性理論（268ページ）という2つの仮説を合わせたものが超弦理論になります。

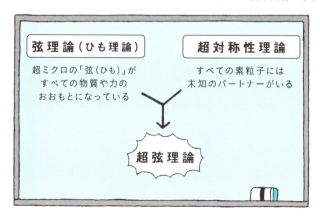

究極の微小構成要素は「弦」?

超弦理論では、究極の微小構成要素は点状の粒子ではなく、極小の長さを持つ1次元の「弦(ひも)」であると考えます。弦がさまざまな方向(次元)に振動すると、あらゆる種類の素粒子に変身します。現在知られている数十個の素粒子に変身するために、空間の次元が9または10必要になります(246ページ)。

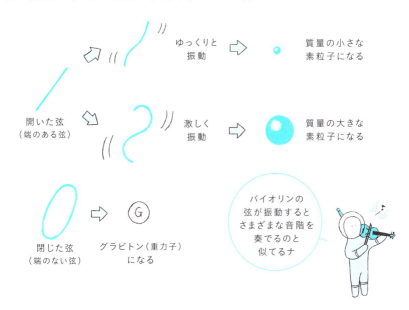

弦の端には「ブレーン」がくっついている?

弦の端には、かならずブレーン(246ページ)というエネルギーのかたまりがくっついているので、開いた弦はブレーンから離れられません。しかし、閉じた弦は、ブレーンを離れることができます。グラビトンは閉じた弦から作られるので、重力だけがブレーンを離れて伝わります。

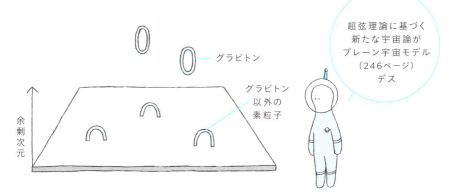

電磁波

でんじは、Electromagnetic wave

電磁波は、空間を伝わる電気的な波です。電気的な波が起こると、同時に磁気的な波も起こるので、電磁波と呼ばれます。電磁波は波長（波のもっとも高い「山」の場所から次の山までの長さ）の違いによって、電波、赤外線、光（可視光）、紫外線、X線、ガンマ線などに分類されます。

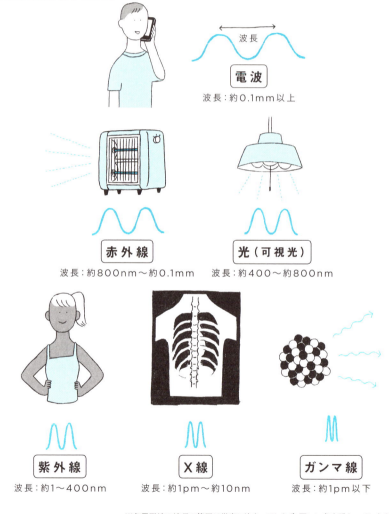

※各電磁波の波長の範囲は厳密に決まっておらず、互いに多少重なっています。
※上記イラストでの各電磁波の波長は、実際の比率とは異なります。
※1nm（ナノメートル）は100万分の1mm、1pm（ピコメートル）は10億分の1mm。

可視光
かしこう、Visible light

可視光（単に光とも）は、電磁波のうち、人間の目に見える約400〜800nmの波長のものです。人間や多くの動物の目が可視光を認識できるのは、太陽光のスペクトル（182ページ）に合わせて進化したからだと考えられています。

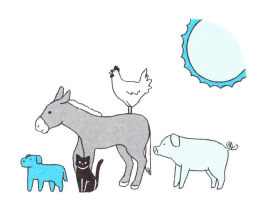

可視光で宇宙を見ると何が見える？

恒星の多くは、可視光の波長でもっとも明るく輝いています。したがって、恒星そのものの観測や、星の大集団である銀河の構造、さらには宇宙における銀河の分布などを調べるには、可視光による観測が最適です。

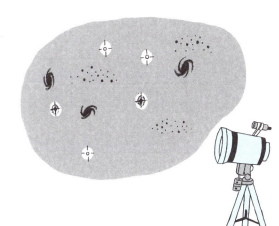

第7章 宇宙にまつわる基礎用語　281

電波

でんぱ、Radio wave

電波は、波長が約0.1mmよりも長い電磁波です。光（可視光）と同じく空間を光速で伝わる電波は、携帯電話やテレビ、ラジオ、衛星通信といった無線通信の手段として使われ、現代社会になくてはならないものになっています。

電波の種類とおもな用途

			電波名称	波長	おもな用途
扱える情報量多い ↑ ↓ 扱える情報量少ない	特定の方向に向けて使う ↑ ↓ 幅広い方向に向けて使う	直進性強い ↑ ↓ 直進性弱い	EHF ミリ波	1mm	電波天文、レーダー
			SHF センチ波 （マイクロ波）	1cm	衛星放送、レーダー ETC、無線LAN
			UHF 極超短波 （マイクロ波）	10cm	携帯電話、タクシー無線、Bluetooth、テレビ、GPS、電子レンジ、無線LAN
			VHF 超短波	1m	航空管制通信、テレビ FM放送
			HF 短波	10m	船舶通信、航空機通信 短波ラジオ
			MF 中波	100m	船舶通信、AMラジオ
			LF 長波	1km	標準電波（電波時計）、電波航行
			VLF 超長波	10km	潜水艦通信

※マイクロ波の波長の正確な定義はなく、極超短波とセンチ波だけを指す（波長1cm〜30cm程度）場合や、ミリ波まで含めて広義に使われる場合がある。

天の川銀河の中心部から電波がやって来る？

宇宙からやって来る電波は、その発生のしくみによって2種類に分けられます。1つは、非常に激しい天体現象で発生する電波です。たとえば、天の川のいて座方向から電波がやって来ます（202ページ）。天の川銀河の中心部では激しいエネルギー活動が起きていて、そこで電波が発生するのです。

天の川銀河の中心部からの電波

太陽の表面でフレア（38ページ）が起きたときも同じしくみで電波が放出されるゾ

太陽のフレアの際の電波

低温の宇宙からも電波がやって来る？

先ほどとは逆に、非常に静かで低温の宇宙からも電波がやって来ます。天体は温度が高いほど、波長の短い電磁波を放出します。波長の長い電磁波である電波を放つ天体は、非常に低温です。たとえば新たな星が生まれる場所である暗黒星雲（142ページ）は約マイナス260℃という超低温で、電波を多く放ちます。したがって電波で宇宙を観測すれば、星が誕生する現場を調べられるのです。

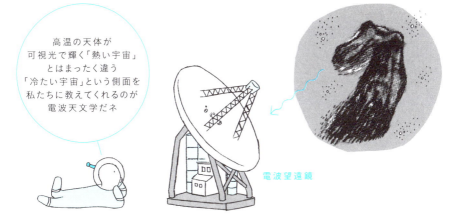

高温の天体が可視光で輝く「熱い宇宙」とはまったく違う「冷たい宇宙」という側面を私たちに教えてくれるのが電波天文学だネ

電波望遠鏡

第7章 宇宙にまつわる基礎用語　283

赤外線

せきがいせん、Infrared

赤外線は、電波よりも波長が短く（約0.1mm以下）、可視光よりも波長が長い（約800nm以上）電磁波です。物体が赤外線を吸収すると温度が上がるので、赤外線のことを熱線と呼ぶこともあります。

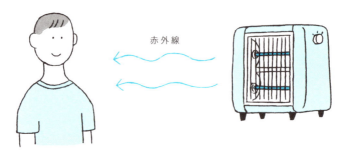

赤外線で宇宙を見ると何が見える？

赤外線は温度がやや低めの天体の観測に適していて、原始星（147ページ）や、星に温められた塵を観測できます。また、赤外線は塵を透過するので、塵に隠された天の川銀河の中心部などを直接見ることもできます。さらに、超遠方の銀河からの光は赤方偏移（226ページ）によって波長が赤外線領域にまで引き伸ばされているので、そうした銀河の観測も赤外線で行われます。

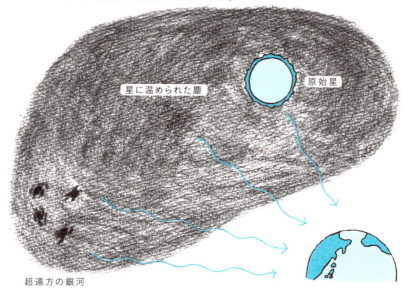

超遠方の銀河

紫外線
しがいせん、Ultraviolet

紫外線は、可視光よりも波長が短く(約400nm以下)、X線よりも波長が長い(約1nm以上)電磁波です。物体が紫外線を吸収すると、化学反応を起こしやすくなるという特性があり、紫外線によって日焼けするのもこうした特性のためです。

紫外線で宇宙を見ると何が見える?

紫外線は高温の天体の観測に適しています。スターバースト(213ページ)で生まれた若くて非常に重い星や、年老いた星の末期の姿である白色矮星(159ページ)は、数万度から10万度になる高温の天体であり、紫外線を多く放つので、紫外線で観測します。また、数百万度に達する太陽のコロナ(36ページ)の観測も紫外線で行われます。

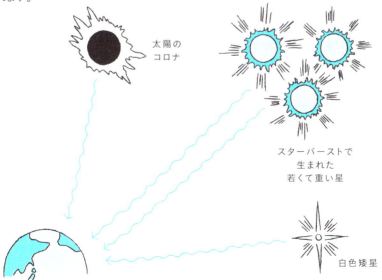

X線／ガンマ線

エックスせん／ガンマせん、X-ray／Gamma ray

X線は紫外線よりも波長が短い（約1pm〜約10nmの）電磁波で、ガンマ線はX線よりもさらに波長が短い（約1pm未満の）電磁波です。両者をまとめて放射線（電磁放射線）ともいいます。物質をすり抜ける「透過作用」や、透過する際に分子や原子から電子をはじき飛ばす「電離作用」を持つのが放射線の特徴です。

X線やガンマ線で宇宙を見ると何が見える？

X線は数百万度から数億度という超高温の領域から放出されます。表面温度が100万度を超える中性子星（24ページ）、ブラックホールの周囲の降着円盤（169ページ）、銀河団の内部にある超高温のプラズマガス（215ページ）などをX線で観測します。ガンマ線も、X線源と同様の超高温領域から放出されます。

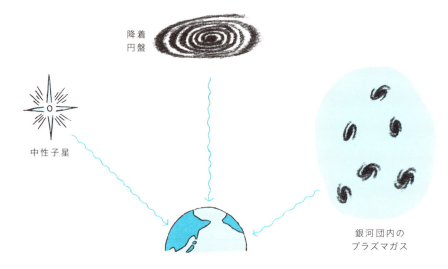

ガンマ線バースト

ガンマせんバースト、Gamma-ray burst

ガンマ線バーストは、0.01秒から数分という短時間に、爆発的にガンマ線が放出される、宇宙最大の爆発現象です。極めて重い星が一生の最後に爆発する（極新星爆発などといいます）際などに起こると考えられていますが、まだわかっていないことが多い、謎の現象です。

大気の窓

たいきのまど、Atmospheric window

大気の窓とは、地球の大気を通過できる電磁波の波長領域のことです。宇宙からは太陽や遠くの天体からさまざまな種類の電磁波がやって来ますが、地球の大気はほとんどの波長の電磁波に対して「不透明」であり、ごく一部の波長領域に対してだけ「窓」が開かれているのです。

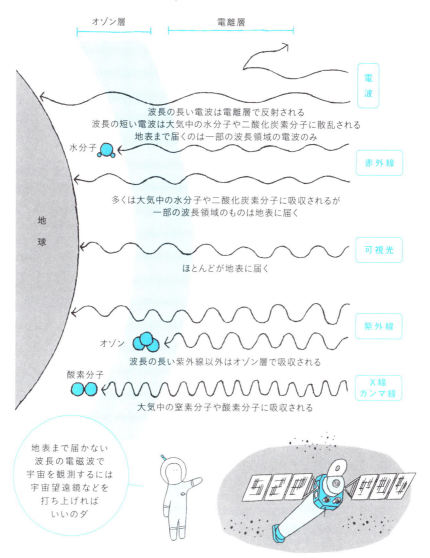

第 7 章　宇宙にまつわる基礎用語

重力波

じゅうりょくは、Gravitational wave

重力波は、時空の振動がさざ波のように、光の速さで周囲に伝わる現象です。アインシュタインが一般相対性理論に基づいて考えた末に重力波の存在を予想し、1916年に発表しました。

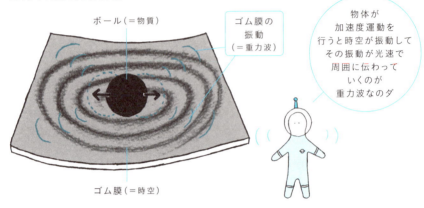

※加速度運動とは、物体の速度や進行方向が変化する運動のこと。

重力波はどんなときに発生する？

重力波は、人間が腕を振り回しただけでも発生しますが、そうした重力波は弱すぎて検出できません。超新星爆発の際や、中性子星同士・ブラックホール同士が衝突・合体する際などの非常に激しい天文現象では、発生するエネルギーの一部が強力な重力波として放出され、それを検出することができます。

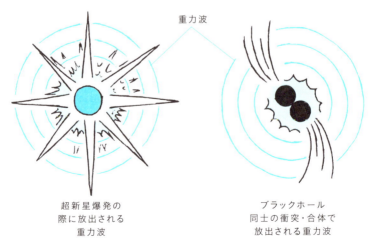

GW150914

ジーダブリュー150914

GW150914は、初めて直接検出された重力波の名称です。アメリカの重力波望遠鏡LIGO（ライゴ）が2015年9月14日に検出し、慎重な分析の結果、間違いなく重力波であることが証明されて、2016年2月に発表されました。

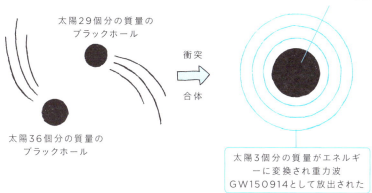

重力波望遠鏡とはどんなもの？

重力波がやって来ると、空間がわずかに伸び縮みします。その様子を、直交する2本の「腕」の内部を往復させたレーザー光の到達時間の変化から読み取り、重力波の到来を知るのが重力波望遠鏡のしくみです。アメリカのLIGO以外にも、日本のKAGRA（かぐら、2018年本格稼働開始）、ヨーロッパのVIRGO（ヴァーゴ）などがあり、重力波望遠鏡の国際ネットワークが作られつつあります。

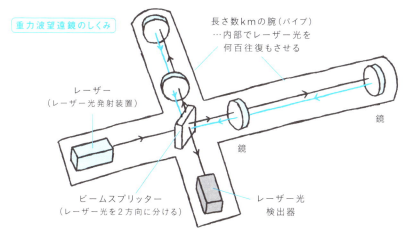

第7章 宇宙にまつわる基礎用語　289

原始重力波

げんしじゅうりょくは、Primordial gravitational wave

原始重力波は、宇宙が生まれてすぐにインフレーション（240ページ）を起こした時に作られた重力波です。生まれたばかりのミクロの宇宙に存在した「時空の揺らぎ」が、インフレーションによって引き伸ばされることで重力波となり、現在の宇宙全体に満ちているとされています。これが原始重力波です。

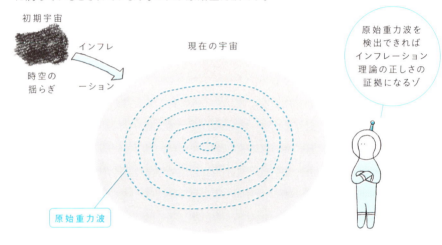

原始重力波をどうやって観測する？

原始重力波は非常に弱い（低周波）ので、LIGOやKAGRAなどでは検出できません。そこで、宇宙に重力波望遠鏡を打ち上げて検出するアイデアが提唱されています。一方、宇宙マイクロ波背景放射（238ページ）に刻まれている原始重力波の影響を調べることで、原始重力波の存在を間接的に証明する手法もあり、そうした観測計画も現在世界中で進められています。

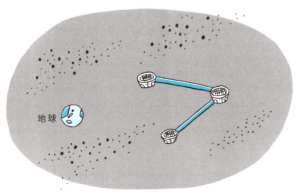

宇宙重力波望遠鏡

宇宙に打ち上げた衛星間でレーザー光を発射してその往復時間の変化から原始重力波を検出する

宇宙ひも

うちゅうひも、Cosmic string

宇宙ひもとは、初期宇宙において真空の相転移（267ページ）が起きた時に作られて、現在の宇宙にも漂っている可能性がある、非常に高密度のひも状のエネルギーのかたまりです。ただし現在の宇宙において、宇宙ひもはまだ見つかっていません。

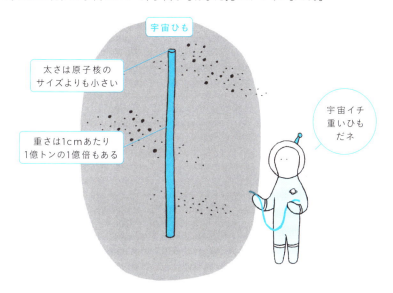

輪になった宇宙ひもが重力波を出す？

輪になっている「閉じた宇宙ひも」は、振動しながら重力波を出してだんだん消えていくと考えられています。この重力波を観測できれば、宇宙ひもの存在を明らかにできるかもしれません。

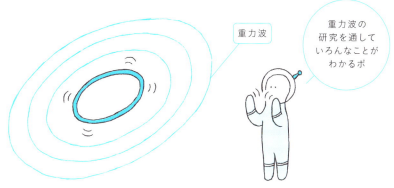

第7章 宇宙にまつわる基礎用語

JAXA

ジャクサ

JAXA（**宇宙航空研究開発機構**、Japan Aerospace Exploration Agency）は、日本の航空宇宙開発政策を担う研究・開発機関です。2003年10月に、宇宙科学研究所（ISAS）、航空宇宙技術研究所（NAL）、宇宙開発事業団（NASDA）の3組織が統合されて発足しました。

NASA

ナサ

NASA（アメリカ航空宇宙局）は、アメリカの宇宙開発・研究機関です。1958年に発足し、アポロ計画やスペースシャトル計画などを達成してきました。

ESA

イサ

ESA（欧州宇宙機関）は、ヨーロッパ各国が共同で設立した宇宙開発・研究機関で、本部はフランスのパリに置かれています。ヨーロッパ各国はそれぞれ独自の宇宙機関（フランスのCNES、ドイツのDLRなど）も持っています。

世界のおもな宇宙機関

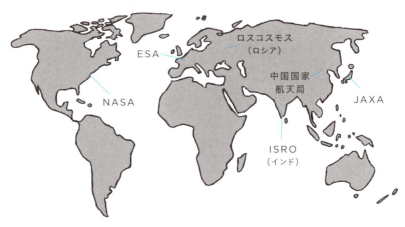

国際宇宙ステーション

こくさいうちゅうステーション、International Space Station

国際宇宙ステーション（略称ISS）は、アメリカ、ロシア、日本、カナダ、ESAが共同で運用している有人宇宙施設です。宇宙環境（微小重力、高真空など）を利用した研究や実験、さらには地球や宇宙の観測が行われています。
日本は宇宙実験棟「**きぼう**」をISS内に建設しました。またISSへの物資補給機「**こうのとり**」を開発・運用しています。
ISSは2024年までの運用が決まっていますが、その後については未定です。

国際宇宙ステーション

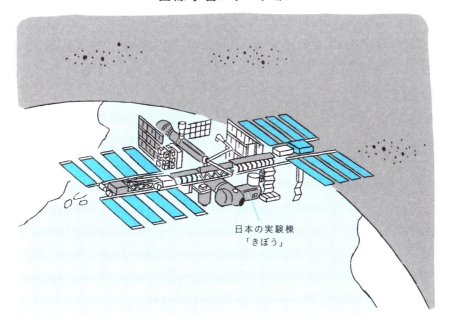

日本の実験棟「きぼう」

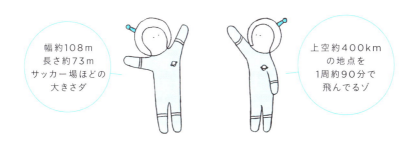

幅約108m 長さ約73m サッカー場ほどの大きさダ

上空約400kmの地点を1周約90分で飛んでるゾ

第7章 宇宙にまつわる基礎用語

国立天文台

こくりつてんもんだい、National Astronomical Observatory of Japan

国立天文台（NAOJ）は、天文学の研究・観測を行う日本の国立の研究所、大学共同利用機関です。東京大学東京天文台、緯度観測所、名古屋大学空電研究所第三部門が合併して1988年に発足しました。

国立天文台のおもな拠点（国内）

国立天文台野辺山（野辺山宇宙電波観測所など）
水沢キャンパス（VERA水沢観測局など）
岡山天体物理観測所（188cm反射望遠鏡など）
茨城観測局
山口観測局
三鷹キャンパス（本部）
入来観測局
鹿児島観測局
小笠原観測局
石垣島天文台

このほかに一般公開用の天体望遠鏡を持つ公開天文台は日本国内で400あまりもあるヨ

すばる望遠鏡

すばるぼうえんきょう、Subaru Telescope

すばる望遠鏡は、国立天文台がハワイ島のマウナケア山頂（標高4200m）に建設した、口径8.2mの大型光学赤外線望遠鏡です。日本の科学技術の粋を集めたハイテク巨大望遠鏡であり、1999年から観測を開始しました。
超遠方の（すなわち初期宇宙にある）銀河の観測や、星や惑星の誕生の現場の観測、太陽系のはてにある暗い天体の観測、さらには暗黒物質や暗黒エネルギーの正体を探るための観測など、現在にいたるまで群を抜く成果を挙げ続けています。

TMT

ティーエムティー、Thirty Meter Telescope

TMTは、日本・アメリカ・カナダ・中国・インドの国際協力による建設を目指している次世代超大型望遠鏡です。492枚の複合鏡からなる口径30mの超巨大望遠鏡で、マウナケア山頂に2027年頃の稼働開始を目指して建設計画が進んでいます。系外惑星（184ページ）の表面や大気の組成を直接観測して「生命がすむ可能性がある系外惑星」を見つけ出したり、宇宙で最初に輝き始めた星や銀河を観測して宇宙の大規模構造（222ページ）がどのように形成されたのかを解き明かすことが期待されています。

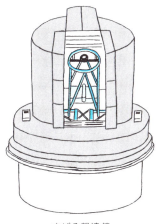

すばる望遠鏡

TMT
（完成予想図）

アルマ望遠鏡

アルマぼうえんきょう、Atacama Large Millimeter/submillimeter Array

アルマ望遠鏡は、南米・チリのアタカマ高地（標高5000m）に建設された、世界最大級の電波望遠鏡です。日本などアジアと、北米、ヨーロッパの各国が共同で建設し、2013年に開所式を迎えました。66台の電波望遠鏡を並べ、これらの受信データを組み合わせることで、仮想的に1つの巨大な電波望遠鏡としています（電波干渉計といいます）。すばる望遠鏡やハッブル宇宙望遠鏡の10倍、人間でいえば「視力6000（最高値）」という驚異の視力を誇ります。

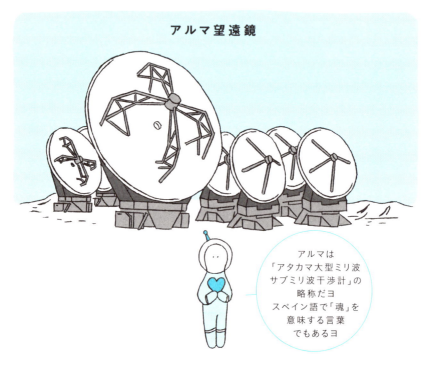

アルマ望遠鏡

アルマは「アタカマ大型ミリ波サブミリ波干渉計」の略称だヨ　スペイン語で「魂」を意味する言葉でもあるヨ

アルマ望遠鏡で何が見える？

アルマ望遠鏡はミリ波（282ページ）やサブミリ波という、超遠方の銀河が放つ電波や、超低温の宇宙空間からやって来る電波をとらえることができます。それによって、銀河がどのように生まれて進化するのかという「銀河誕生の謎」や、若い星のまわりでどのように惑星が誕生するのかという「惑星系形成の謎」（115ページ）を探ることができます。さらには、宇宙空間に存在する多様な原子や分子が放つ電波を観測し、その中からアミノ酸など生命誕生に関わる物質を見つけ出すことで「生命誕生の謎」に迫ることも期待されています。

ハッブル宇宙望遠鏡

ハッブルうちゅうぼうえんきょう、Hubble Space Telescope

ハッブル宇宙望遠鏡は、NASAが1990年に打ち上げた、高度600kmの軌道上を周回する宇宙望遠鏡です。可視光、赤外線、紫外線と幅広い波長域で観測できます。口径は2.4mとそれほど大きくはありませんが、大気や天候の影響を受けない「空飛ぶ天文台」として、四半世紀にわたって非常に鮮明な天体画像と驚くべき宇宙の真の姿を私たちにもたらしてくれています。

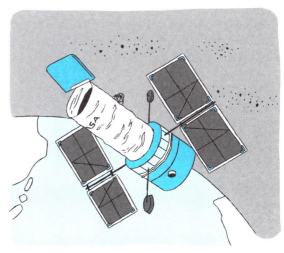

ハッブル宇宙望遠鏡

ジェイムズウェッブ宇宙望遠鏡

ジェイムズウェッブうちゅうぼうえんきょう、James Webb Space Telescope

ジェイムズウェッブ宇宙望遠鏡は、ハッブル宇宙望遠鏡の後継機としてNASAが打ち上げを予定している宇宙望遠鏡です。地球から約150万km離れた地点に設置されます。口径は6.5mで、赤外線で観測を行い、宇宙初期に生まれた星や銀河の観測や、系外惑星の調査などを行います。2019年の打ち上げが目指されています。

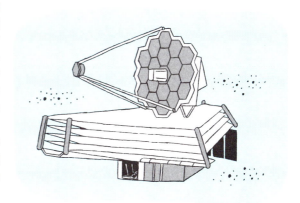

ジェイムズウェッブ宇宙望遠鏡
（完成予想図）

INDEX

数字・アルファベット

Ia型超新星	224
1等星	122
3重連星	177
4つの力	264
6等星	122
88星座	133
AGB星	158
AU	072
CERN	271
ESA	292
Google Lunar XPRIZE	065
GPS	275
GW150914	289
HR図	154
JAXA	292
KAGRA	289
KIC 8462852	175
KIC 9832227	179
LHC	271
LIGO	289
LOD	053
M78	145
M87	214
MMO	079
MMX	087
MPO	079
NASA	292
NEO	105
SETI	194
SLIM	065
SUSY粒子	268
TMT	295
Tタウリ型星	061,112,148
Wow!シグナル	194
XMASS	269
X線	280,286

あ行

アークトゥルス	134
アイソン彗星	098
アイボール・プラネット	189
アインシュタイン	228,233,272
アインシュタインの十字架	219
アインシュタインの静止宇宙モデル	233
アインシュタイン・リング	219
あかつき	083
秋の大四辺形	136
明けの明星	081
アストロバイオロジー	192
天の川	135,198
天の川銀河	030,199
アリスタルコス	032
アリストテレス	032
アルゴル	172
アルタイル	135
アルデバラン	137,157
アルビレオ	176
アルマ望遠鏡	296
暗黒エネルギー	245
暗黒星雲	026,142
暗黒物質	216
アンタレス	135
アンテナ銀河	212
アンドロメダ銀河	119,209
イオ	090
イオンテイル	028
イダ	100
いっかくじゅう座V838星	179
一般相対性理論	274
いて座A*	202
イトカワ	103
インカの星座	139
隕石	104
インフレーション理論	240
ウィークボソン	265
ウィルソン	238
渦巻銀河	030,206
宇宙天気予報	039
宇宙の泡構造	222

宇宙の加速膨張	244
宇宙の曲率	250
宇宙の距離はしご	225
宇宙の大規模構造	222
宇宙の晴れ上がり	239
宇宙ひも	291
宇宙膨張	232
宇宙マイクロ波背景放射	238
宇宙論	230
海(月の)	046
うるう秒	053
衛星	019,068
エウロパ	090
エウロパ・クリッパー	091
エキセントリック・プラネット	188
エキピロティック宇宙モデル	249
エッジワース・カイパーベルト	108
エリス	107
エンケ彗星	098
エンケの間隙	093
エンケラドス	094
遠日点	055
尾(彗星の)	028
オールトの雲	109
オーロラ	038,041
オシリス・レックス	103
おとめ座銀河団	119,214
おとめ座超銀河団	220
乙女のダイヤモンド	134
親子説	062
オリオン座	124
オリオン大星雲	119,145
オリオン腕	201
オリンポス山	084
オルバースのパラドックス	231

か行

海王星	069,097

299

皆既月食 —— 051	局部超銀河団 —— 220	光子 —— 265
皆既日食 —— 042	巨星 —— 021	恒星 —— 016
外合 —— 073	巨大ガス惑星 —— 071	高地（月の）—— 046
カイパーベルト —— 108	巨大氷惑星 —— 071	降着円盤 —— 169
外惑星 —— 070	極冠 —— 084	公転（地球の）—— 035,054
火球 —— 029	金環日食 —— 043	黄道 —— 056
核（彗星の）—— 028	銀河 —— 017,030	黄道十二星座 —— 131
核（地球の）—— 052	銀河円盤 —— 200	光年 —— 118
かぐや —— 064	銀河群 —— 031	こうのとり —— 293
核融合 —— 040	銀河系 —— 199	氷衛星 —— 091
下弦の月 —— 050	銀河団 —— 031	国際宇宙ステーション —— 293
可視光 —— 280,281	近日点 —— 055	黒色矮星 —— 159
梶田隆章 —— 261	金星 —— 068,080	黒点 —— 036,037
渦状腕 —— 201	近接連星 —— 178	国立天文台 —— 294
カストル —— 177	矩 —— 074	小林誠 —— 263
ガスプラ —— 100	グース —— 240	小林・益川理論 —— 263
火星 —— 068,084	クェーサー —— 227	コペルニクス —— 066
火星大接近 —— 085	クォーク —— 260	コマ —— 028
加速器 —— 270	グラビトン —— 265	固有運動 —— 180
カッシーニ —— 094	グランドタック理論 —— 114	固有名 —— 124
カッシーニの間隙 —— 093	グルーオン —— 265	コル・カロリ —— 134
褐色矮星 —— 020,149	クレーター —— 047	コロナ —— 036,042
活動銀河核 —— 227	グレートウォール —— 223	
かに星雲 —— 165	系外惑星 —— 184	**さ行**
ガニメデ —— 044,090	激変星 —— 173	
カミオカンデ —— 167	夏至 —— 059	歳差運動 —— 129
ガモフ —— 236,254	月食 —— 051	彩層 —— 036
カラビ-ヤウ多様体 —— 248	月相 —— 050	最大光度（金星）—— 081
カリスト —— 090	ケフェイド変光星 —— 174	最大離角 —— 073
ガリレオ —— 116	ケプラー —— 076,116	佐藤勝彦 —— 240
ガリレオ衛星 —— 090	ケプラー（探査衛星）—— 187	サブミリ波 —— 296
環状星雲 —— 160	ケプラーの法則 —— 076	散開星団 —— 027,151,204
岩石惑星 —— 071	ケレス —— 102,107	さんかく座銀河 —— 210
ガンマ線 —— 280,286	原子 —— 258	散光星雲 —— 026,144
ガンマ線バースト —— 286	原子核 —— 259	三大流星群 —— 099
かんむり座R星 —— 172	原始重力波 —— 290	ジェイムズウェッブ宇宙望遠鏡
輝線 —— 183	原始星 —— 147	—— 297
輝線星雲 —— 026,144	原始太陽 —— 060	紫外線 —— 280,285
きぼう —— 293	原始太陽系円盤 —— 061,112	磁気嵐 —— 038
逆行 —— 075	原始惑星系円盤 —— 148	子午線通過 —— 058
逆行衛星 —— 097	元素 —— 256	しし座流星群 —— 099
キャッツアイ星雲 —— 160	ケンタウルス座アルファ星	事象の地平面 —— 168
吸収線 —— 183	—— 119,120,138	静かの海 —— 046
球状星団 —— 027,204	玄武岩 —— 046	自転（地球の）—— 053
キュリオシティ —— 086	合 —— 073,074	自転周期 —— 053
兄弟説 —— 062	紅炎 —— 036	しぶんぎ座流星群 —— 099
極新星爆発 —— 286	高輝度赤色新星 —— 179	ジャイアント・インパクト —— 062
極超巨星 —— 021	光球 —— 036	斜長岩 —— 046
局部銀河群 —— 210	光行差 —— 181	車輪銀河 —— 212

ジャンスキー	202		223	太陽面爆発	038
周期光度関係	174	星雲	026	対流層	040
周期彗星	099	星間雲	141	楕円銀河	030,206
周極星	127	星間ガス	140	ダストテイル	028
秋分	057	星間塵	140	縦穴（月の）	047
秋分点	057	星間物質	026,140	たて座UY星	157
重力	264	西矩	074	他人説	062
重力子	265	星座	132	タリー・フィッシャー関係	225
重力波	247,288	星宿	139	短周期彗星	099
重力波望遠鏡	289	青色巨星	021	チェリャビンスク隕石	105
重力崩壊	162	青色超巨星	021	地下海	091
重力マイクロレンズ法	189	星団	027	地殻	052
重力レンズ	218	正中	058	地球	052,068
主系列星	148,150,154	西方最大離角	073	地球型惑星	071
主星	176	赤外線	280,284	地球近傍天体	105
種族（星の）	205	赤色巨星	021,154,156	地球照	050
シュバルツシルト半径	168	赤色超巨星	021,157	地軸	053
順行	075	赤色矮星	020,153	中心核	040
春分	057	石炭袋	143	中性子	259
春分点	057	赤方偏移	226	中性子星	024,163
準惑星	068,107	接触連星	178	超巨星	021
衝	074	絶対等級	123	超銀河団	220
上弦の月	050	セファイド変光星	174	超弦理論	278
小接近（火星）	085	漸近巨星分岐星	158	超新星	022,163
小マゼラン雲	208	双極分子流	060	超新星1987A	167
小惑星	068,100	創造の柱	143	超新星残骸	165
小惑星帯	101	相対性理論	272	潮汐力	049
食変光星	172	素粒子	260	超大質量ブラックホール	203
触角銀河	212			超対称性粒子	268
シリウス	137,159	**た行**		超対称性理論	268
真空の相転移	267			長周期彗星	099
新月	050	ダークエネルギー	245	直接撮像法	187
人工衛星	019	ダークマター	216	対消滅	262
新星	023,161	大気の窓	287	対生成	262
水星	068,078	大赤斑	089	月	044
彗星	028,068	大接近（火星）	085	月の裏	048
スーパーカミオカンデ	261	ダイソン球	175	月の表	045
スーパーフレア	039	タイタン	095	月の満ち欠け	050
スーパームーン	045	大マゼラン雲	208	強い力	264
スーパーローテーション	082	ダイモス	087	ツングースカ大爆発	105
スターバースト	213	ダイヤモンドリング	042	ディープ・スペース・ゲートウェイ
スタインハート	249	太陽	034		065
スパイラルアーム	201	太陽系	068	定常宇宙論	237
すばる	151	太陽系外縁天体	069,108	ディスク	200
すばる望遠鏡	295	太陽系第3惑星	018,052	デネブ	135
スピカ	134	太陽系第9惑星	110	デネボラ	134
スペクトル	182	太陽圏	111	天球	056
スペクトル型	152	太陽風	041	電子	259
スローン・デジタル・スカイサーベイ		太陽フレア	038	電磁気力	264

電磁波	280
電子ボルト	270
天王星	069,096
天王星型惑星	071
天の赤道	056
電波	280,282
電波干渉計	296
電波天文学	202,283
電波望遠鏡	283
テンペル・タットル彗星	099
天文単位	035,072
同位体	259
統一理論	265
等級	122
東矩	074
冬至	059
東方最大離角	073
ドーン	102
特異点	168
特殊相対性理論	272
閉じた宇宙	251
土星	069,092
ドップラー法	186
トランジット法	186
トリトン	097
ドレイク	193,194
ドレイクの方程式	193
トレミーの48星座	132
トロヤ群小惑星	101
トンネル効果	242

な行

内合	073
内部海	091
内惑星	070
流れ星	029
夏の大三角	135
南極隕石	104
南極エイトケン盆地	048
南中	058
二重星	177
日周運動（星）	126
日食	042
ニュートラリーノ	269
ニュートリノ	167,261
ニュートリノ振動	261
ニュートン	196
ニュー・ホライズンズ	106

年周運動（星）	130
年周光行差	181
年周視差	170

は行

ハーシェル	228
パーセク	171
ハートル	243
バイエル名	125
バイオマーカー	191
バイキング	086
ハウメア	107
はくちょう座X-1	169
白色巨星	021
白色超巨星	021
白色矮星	020,154,159
爆発変光星	172
バタフライ星雲	160
ハッブル	234,254
ハッブル宇宙望遠鏡	297
ハッブル定数	235
ハッブルの法則	234
馬頭星雲	142,145
ハビタブルゾーン	190
ハビタブル惑星	190
はやぶさ	103
はやぶさ2	103
パルサー	166
バルジ	200
春の大曲線	134
春の大三角	134
ハレー	196
ハレー彗星	069,098
ハロー	205
伴銀河	208
反射星雲	144
反水素	262
パンスターズ彗星	098
伴星	176
反中性子	262
反物質	262
半分離型連星	178
反陽子	262
非周期彗星	099
ビッグクランチ	252
ヒッグス粒子	267
ビッグバン理論	236

ビッグフリーズ	253
ビッグリップ	253
ヒッパルコス	122
標準理論	266
秤動	045
開いた宇宙	251
ビレンケン	242
微惑星	100,112
フェルミオン	266
フォーマルハウト	136
フォトン	265
フォボス	087
不規則銀河	207
ふたご座流星群	099
プトレマイオス	066
部分月食	051
部分日食	042
浮遊惑星	189
冬の大三角	137
冬のダイヤモンド	137
冬の大六角形	137
フラウンホーファー線	183
ブラックホール	025,168
プラトン	032
プラネット・ナイン	110
フラムスティード番号	125
フレア	036,038
プレアデス星団	151
ブレークスルー・スターショット	
	121
ブレーン	246,279
ブレーン宇宙モデル	246
プロキオン	137
プロキシマ・ケンタウリ	120
プロミネンス	036
分光	182
分子	258
分子雲	146
分子雲コア	061,146
分離型連星	178
平坦な宇宙	251
ヘール・ボップ彗星	098
ベガ	135
ペガスス座51番星b	185
ペガススの大四辺形	136
ベテルギウス	124,137,164
ベピコロンボ	079
ヘリオスフィア	111
ヘリオポーズ	111

ペルセウス座流星群 —— 099
ヘルツシュプルング・ラッセル図
—— 154
変光星 —— 172
ペンジアス —— 238
ヘンリー・ドレイパー番号 – 125
ボイジャー1号 —— 111
ボイド —— 221,222
ホイヘンス —— 094
ホイル —— 237
棒渦巻銀河 —— 030,206
ほうき星 —— 028
放射層 —— 040
ホーキング —— 243
北斗七星 —— 128,134
星占い —— 131
星の日周運動 —— 126
星の年周運動 —— 130
ボソン —— 265
北極星 —— 119,127,128
ホット・ジュピター —— 188
ポルックス —— 177

ま行

マケマケ —— 107
益川敏英 —— 263
末端衝撃波面 —— 111
マティルド —— 100
マリネリス峡谷 —— 084
マルチバース —— 248
満月 —— 050
マントル —— 052
見かけの二重星 —— 177
満ち欠け（月の） —— 050
南十字星 —— 138
脈動 —— 173
脈動変光星 —— 173
ミラ —— 173
ミリ波 —— 282,296
ミルコメダ —— 211
無からの宇宙創生 —— 242
無境界仮説 —— 243
冥王星 —— 069,106
メシエカタログ —— 141
メシエ天体 —— 141
木星 —— 069,088
木星型惑星 —— 071

や行

宵の明星 —— 081
陽子 —— 259
陽電子 —— 262
余剰次元 —— 247
弱い力 —— 264

ら行

ライトエコー —— 179
ラニアケア超銀河団 —— 221
リゲル —— 124
リュウグウ —— 103
粒状斑 —— 036
流星 —— 029
流星群 —— 029,099
量子重力理論 —— 278
量子論 —— 242,276
臨界量 —— 250
レッドエッジ —— 191
レンズ状銀河 —— 207
連星 —— 176

わ行

環（土星） —— 093
環（木星） —— 089
矮小銀河 —— 207
矮星 —— 020
惑星 —— 018,068
惑星状星雲 —— 160

二間瀬敏史　ふたませ・としふみ

1953年北海道生まれ。京都産業大学理学部宇宙物理・気象学科教授。京都大学理学部卒業、ウェールズ大学カーディフ校博士課程修了、マックス・プランク天体物理学研究所、米・ワシントン大学研究員などを経て、弘前大学助教授、同教授、東北大学大学院理学研究科教授、2016年から京都産業大学教授、東北大学名誉教授。専門は一般相対性理論、宇宙論。暗黒物質や暗黒エネルギーの重力レンズを用いた観測的・理論的研究に取り組む。著書に『宇宙物理学』(現代物理学「基礎シリーズ」9、朝倉書店)、『シリーズ現代の天文学』(2「宇宙論I」3「宇宙論II」など、共編著、日本評論社)、『ブラックホールに近づいたらどうなるか?』(さくら舎)、『重力で宇宙を見る──重力波と重力レンズが明かす、宇宙はじまりの謎』(河出書房新社)など多数。

中村俊宏　なかむら・としひろ

1969年生まれ、埼玉県出身。化学メーカー勤務、編集プロダクション勤務を経てフリーランスに。書籍の企画・編集等を行う。自然科学系のテーマを一般向けにやさしく紹介する本を多く手がける。制作に携わった本は『眠れなくなる宇宙のはなし』(佐藤勝彦著、宝島社)、『重力で宇宙を見る──重力波と重力レンズが明かす、宇宙はじまりの謎』(二間瀬敏史著、河出書房新社)など。ツイッターはhttps://twitter.com/cymbi_tn

構成	中村俊宏
絵	徳丸ゆう
ブックデザイン	小口翔平＋喜來詩織(tobufune)
本文DTP	アルファヴィルデザイン

宇宙用語図鑑

2017年11月9日　第1刷発行

著　者	二間瀬敏史
発行人	石﨑　孟
発行所	株式会社マガジンハウス
	〒104-8003　東京都中央区銀座3-13-10
	書籍編集部　☎03-3545-7030
	受注センター　☎049-275-1811
印刷・製本	大日本印刷株式会社

©2017 Toshifumi Futamase, Printed in Japan
ISBN978-4-8387-2973-9 C0044

◆ 乱丁本・落丁本は購入書店明記のうえ、小社制作管理部宛にお送りください。送料小社負担にてお取り替えいたします。但し、古書店等で購入されたものについてはお取り替えできません。

◆ 定価はカバーと帯に表示してあります。

◆ 本書の無断複製(コピー、スキャン、デジタル化等)は禁じられています(但し、著作権法上での例外は除く)。断りなくスキャンやデジタル化することは著作権法違反に問われる可能性があります。

[マガジンハウスのホームページ] http://magazineworld.jp/